Web 前端开发项目基础教程

主　编　张　莉　万　嵩

副主编　吴赵盼　李梦珍　何　恬

　　　　梅思雨　熊　婷

北京理工大学出版社
BEIJING INSTITUTE OF TECHNOLOGY PRESS

内 容 简 介

本书由在校从事"网页设计"课程教学的优秀教师和经验丰富的企业 Web 前端工程师合作共同编写而成。全书通过一个真实的项目实战——江西机电职业技术学院官方网站的开发要求，制作完成相应的综合实例。

根据 Web 前端设计的新技术、新变化、新要求，以及就业岗位的知识、技能、素养的新需求，全面优化课程结构，整合教学内容，将全书拆解成 8 个项目单元：文本类网页制作、列表类网页制作、超链接网页制作、表格类网页制作、表单交互类网页制作、响应式网页制作、综合网页制作、企业网站项目实战。书中各实例均经过精心设计，技术讲解深入浅出，实例效果精美实用。本书配有微课视频、授课 PPT、案例素材、案例源代码等丰富的数字化学习资源。

本书可用作高职院校或培训学校相关专业的教材及参考书，也可作为 Web 前端开发、网页设计、网页制作、网站建设的入门级或者有一定基础的读者的自学用书。

图书在版编目（CIP）数据

Web 前端开发项目基础教程 / 张莉，万嵩主编. ——

北京：北京理工大学出版社，2024.7（2025.1 重印）

ISBN 978 - 7 - 5763 - 3100 - 4

Ⅰ．①W… Ⅱ．①张…②万… Ⅲ．①网页制作工具 -

高等职业教育 - 教材 Ⅳ．①TP393.092.2

中国国家版本馆 CIP 数据核字（2023）第 217239 号

责任编辑：王玲玲　　　文案编辑：王玲玲
责任校对：刘亚男　　　责任印制：施胜娟

出版发行 / 北京理工大学出版社有限责任公司

社　　址 / 北京市丰台区四合庄路 6 号

邮　　编 / 100070

电　　话 / (010) 68914026（教材售后服务热线）

　　　　　　(010) 63726648（课件资源服务热线）

网　　址 / http://www.bitpress.com.cn

版 印 次 / 2025 年 1 月第 1 版第 2 次印刷

印　　刷 / 三河市天利华印刷装订有限公司

开　　本 / 787 mm×1092 mm　1/16

印　　张 / 17.25

字　　数 / 400 千字

定　　价 / 55.00 元

前言

随着移动互联网的蓬勃发展和技术的进步，网络影响着人们的吃、穿、住、行等生活方式，使用网站和手机 APP 的规模也在不断增多，Web 前端人员已经成为网站开发、APP 开发以及各种智能终端设备界面开发的主力军。Web 前端开发人员的短缺以及 Web 前端开发入门门槛低，使得 Web 前端成为近几年非常火的软件开发岗位，得到了许多人的青睐。

学习网页设计的优势：

1. 网页设计开发入门门槛低，前端开发工程师的需求量大，前景广阔。

2. 与其他软件学习相比，网页设计易学易用。只要有端正的学习态度和学习耐心，零基础也能够学好。

3. 通过一段时间的学习，就能够制作一个小型的网站，学习成就感高。

作为一种技术入门教材，本书根据 Web 前端设计的新技术、新变化、新要求，以及就业岗位的知识、技能、素养的新需求，全面优化课程结构、整合教学内容。本书共分为 8 个项目，项目中融入了真实的项目实战——江西机电职业技术学院官方网站的制作。下面分别对每个项目进行简单介绍。

项目一主要介绍网站的相关概念、HBuilder X 工具的使用、HTML 文档的基本结构、文本段落标签、样式表的三种应用方式、CSS 基础语法以及 CSS 中文本属性及含义。通过本项目的学习，读者可以熟悉开发软件的使用、HTML 文档的基本结构，熟练运用文档段落相关标签和 CSS 文本属性制作文本类网页。

项目二主要介绍列表图文页常用标签、多媒体资源插入常用标签、CSS 选择器的类型、CSS 选择器的权重设置以及 CSS 中列表的属性等。通过本项目的学习，读者可以熟练运用各种列表标签和多媒体资源插入常用标签制作列表类网页。

项目三主要介绍超链接标签及各种类型语法，以及链接伪类选择器。通过本项目的学习，读者可以熟练运用超链接实现网页的跳转，并制作超链接网页制作。

项目四主要介绍表格标签和表格标签属性设置。通过本项目的学习，读者可以制作表格类网页。

项目五主要介绍表单、表单元素以及新增的 HTML5 表单元素。通过本项目的学习，读者可以制作各种表单交互类网页。

项目六主要介绍了视口和响应式布局。通过本项目的学习，读者可以制作响应式网页。

项目七主要介绍了盒子模型、浮动、元素类型、转换和定位属性、子元素伪类选择器。通过本项目的学习，可以制作综合页面。

项目八为项目实战，主要介绍了网站的配色设计、模块规划和网站的发布，带领读者运用前面所学知识开发一个学院官方网站项目。通过本项目的学习，读者可以熟悉一个真实网站的制作流程和开发要求，并能够制作小型的网站。

本书主要具有以下特点：

1. 融入企业网站实战项目。全书通过贯穿一个真实的项目实战——江西机电职业技术学院官方网站的制作，让读者熟悉真实的网站制作流程和开发要求。

2. 理论、实战紧密结合。根据"做中学"原则，本书采用项目式驱动实战学习，只需要掌握相关的知识和技能，就能够完成项目。可以根据一个个案例边学边练，学以致用，最终具有开发大型网站的能力。

3. 图文并茂，实例丰富。本书的重难点都配有案例代码，代码都配有运行效果图，形象直观，利于学习。

特别感谢合作企业江西优梯文化传媒有限公司的大力帮助与支持。

尽管书本编写尽了最大努力，但是由于编写水平有限，书中疏漏之处难免。恳请广大读者批评指正，提出宝贵意见，可通过电子邮箱：39123100@ qq. com 与我们取得联系。

编　者

目 录

项目一

文本类网页制作

项目导读

网页，对于大家来说并不陌生，当打开浏览器开始浏览时，浏览的新闻页面、查询信息的页面、观看视频的页面等，都称为网页。网页可以看作是各种网站信息的一种载体，通过网页的形式，将可视化的内容向大家展示。在浏览网页时，可以看到文字、图片、视频、音频等。那么这些元素是怎么加载进去的呢？怎么创建一个简单的文本网页呢？本项目将从网页概述、开发软件的使用等几个方面详细讲解网页的基础知识。

学习目标

- 了解网站与网页的相关概念。
- 灵活使用 HBuilder X 开发工具。
- 学会灵活使用 HTML 标签。
- 学会使用 CSS 样式美化页面。
- 能够掌握基本的页面文本类网页的制作。

职业能力要求

- 具有一定的文本类网页布局基础知识。
- 熟悉 CSS 修饰网页的使用方法。
- 具有一定的任务分析能力，能够分析出网页中需要用到的 HTML 标签和 CSS 代码。
- 具有良好的自主学习能力，在学习和工作的过程中，能够灵活运用互联网查找信息并解决实际问题。

项目实施

本项目包括网站与网页的相关概念及基本要素、HBuilder X 开发工具的使用、HTML 文档的基本结构及标签特点、文本段落相关标签语法及其意义、样式表三种应用方式及其意义、CSS 定义的基础语法、CSS 中文本属性及属性含义。通过每个详细知识点的案例以及巩固提升任务，介绍了 HTML 文档的基本结构及相关标签要素、文本段落相关的标签语法及其意义、CSS 样式三种应用方式、基础语法以及 CSS 中的文本属性的使用。

任务 1.1 走进网页设计的世界

学习目标

知识目标：了解网站与网页的相关概念，了解常用的浏览器及 Web 标准。

能力目标：能分析网页的构成元素，了解 Web 标准。

素养目标：增强学生独立思考和分析总结的能力，培养学生职业素养。

建议学时

1 学时。

任务要求

为了清楚地了解网页，以及为后续网页开发打好基础，需要认识网页的组成以及分类，了解互联网的相关名称、显示网页的工具浏览器，以及网页开发应当遵循的开发标准——Web 标准。

①打开任意网站，观察网站里包含了哪些元素，进行总结。

②网上查阅 Web 标准。

相关知识

1. 网页概述

（1）认识网页的组成以及分类

为了更好地认识网页，可以打开浏览器，搜索一个网站并打开该网站，会发现呈现在页面上的元素有文字、图像、视频、音频以及可以单击跳转的超链接等。

为了了解网页的代码构成，可以查看网页源代码。按 F12 键，或者用鼠标右击页面空白处，在弹出的对话框中选择"检查"，浏览器会弹出窗口显示当前的源代码，如图 1 - 1 所示。

图 1 - 1 某网页的源代码

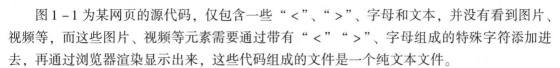
图 1 - 1 为某网页的源代码，仅包含一些"＜"、"＞"、字母和文本，并没有看到图片、视频等，而这些图片、视频等元素需要通过带有"＜""＞"、字母组成的特殊字符添加进去，再通过浏览器渲染显示出来，这些代码组成的文件是一个纯文本文件。

用户浏览一个网站时，看到的第一个页面就是主页（homepage），也叫首页。在主页单击相应的超链接会跳转到另外的网页，这些网页叫作子页面。主页和多个子页面通过超链接集合在一起形成了网站。

按网页的表现形式进行分类，可以分为静态网页和动态网页。静态网页是指用 HTML 语言编写的网页，用户无论何时何地访问页面，网页呈现的信息都是固定不变的，因为在浏览网页时，浏览器和服务器不发生交互，但访问速度快。静态网页制作简单易学，缺乏灵活性，但是维护、更新不方便，除非网页源代码被重新修改上传。

动态网页是指使用 ASP、PHP、JSP、ASP. NET 等程序生成的网页，网页显示的内容会随用户操作及时间的不同而发生变化。网页可以与浏览者进行交互，将网页接收的信息与服务器数据库进行实时的数据交互，所以也称为交互式网页，如可以收集浏览者填写的表单信息等。现在的大部分网站其实是由静态网页和动态网页混合而成的。

（2）互联网的概念

1）Internet

Internet，就是常说的互联网，中文正式译名为因特网，又称国际网络，指的是网络与网络之间所串联成的庞大网络，这些网络以一组通用的 TCP/IP 网络协议相连接，形成世界各地计算机可相互传输的数据通信网。计算机或其他设备一旦连接到互联网的任意一个节点，就意味着已经连入互联网。在互联网中，可以实现全球信息资源的共享，可以相互通信、协同工作、共同娱乐。互联网给生活带来了极大的影响，比如互联网购物、移动支付等。

2）WWW

WWW（World Wide Web），中文译名"万维网"，也称信息环球网。万维网并不是独立于 Internet 以外的网络，而是基于超文本和超媒体技术，将分布在不同站点的信息组织成网页的形式链接而成的信息资源网，用户在网页中单击感兴趣的超链接标志，就可以非常方便地从一个站点访问另外一个站点，从而主动地获取所需的信息。WWW 只是 Internet 提供的一种网页浏览服务，是 Internet 上最主要的服务，许多网络功能需要基于 WWW 服务，比如网上聊天、网上购物等。

3）IP

IP 地址（Internet Protocol Address）被用来给 Internet 上的每台计算机或网络设备一个编号，这个编号具有唯一性，所以每台计算机或网络设备的 IP 地址是全世界唯一的。通过 IP 地址可以确定 Internet 上的每台主机，它是每台主机唯一性的标识。

IP 地址的格式是×××.×××.×××.×××，其中，×××可以是 0 ~ 255 之间的任意整数。

4）URL

URL（Uniform Resource Locator），也叫统一资源定位符，实质上是 Web 地址，俗称网址，用来表示万维网上资源的位置和访问方法。在 WWW 上的所有文件都有唯一的 URL，只要知道资源的 URL，就能访问该资源。

URL 格式：< 协议://> < 主机 > <:端口 > </路径 >

URL 需要具有：一是协议，是指访问这个资源的协议，后面紧跟（://）；二是主机，既可以使用主机的域名，也可以使用主机的 IP 地址；三是该资源对应的端口号（端口号前面有冒号），这一部分可以缺省，如果缺省了端口号，表示使用默认端口号；四是存放资源的路径，包括目录和资源的文件名。

例如：https://www.jxjdxy.edu.cn

该网址是江西机电职业技术学院官网，表示使用 https 协议访问江西机电职业技术学院官方网站，其中缺省了端口号，表示使用默认端口号 80，缺省了路径，表示访问网站主页。

5）DNS

DNS（Domain Name System）是域名解析系统。在 Internet 上通过域名访问网页，实质上是通过 IP 地址去寻址访问页面。计算机只认识 IP 地址，但 IP 地址不容易记忆，DNS 将好记忆的域名转换为 IP 地址，这个过程称为域名解析。

6）HTTP 和 HTTPS

HTTP（Hyper Text Transfer Protocol），中文译为"超文本传输协议"，是客户端浏览器进程与 WWW 服务器进程之间通信时所用的协议，是互联网上应用最为广泛的一种网络协议。HTTP 是非常可靠的协议，具有强大的自检能力，几乎所有的 WWW 文件都必须遵守这个标准。

HTTP 协议传输的数据是未加密的，用来传输私密信息非常不安全。网景公司设计了 SSL 协议用来对 HTTP 协议传输的数据进行加密，即 SSL + HTTP 协议构成了 HTTPS 协议，可以进行加密传输、身份认证。

2. 常用的浏览器以及浏览器内核

（1）常用的浏览器

浏览器是网页运行的显示平台，主流的浏览器有 IE 浏览器、火狐浏览器、Safari 浏览器、谷歌浏览器等，图 1-2 所示为常用浏览器的图标。下面介绍 3 种常用的浏览器。

图 1-2　常用浏览器的图标

1）IE 浏览器

IE 浏览器是世界上使用最广泛的浏览器，它由微软公司开发，一般预装在 Windows 操作系统中，可以直接使用。在 IE7 以前，中文直译为"网络探路者"，但在 IE7 以后，官方便直接俗称"IE 浏览器"。微软在 2022 年 6 月 15 日彻底停用了 IE 浏览器。IE 浏览器由 Microsoft Edge 代替。

2）火狐浏览器

Mozilla Firefox，中文通常称为"火狐"，是由 Mozilla 资金会和开源开发者一起开发的一个开源网页浏览器。火狐浏览器由于是开源的，所以它集成了很多小插件、开源拓展等功能。由于火狐浏览器对 Web 标准的执行比较严格，所以，在实际网页制作过程中，火狐浏览器是最常用的浏览器之一。

3）谷歌浏览器

Google Chrome，又称谷歌浏览器，是由 Google（谷歌）公司开发的开放原始码网页浏览器。该浏览器的目标是提升稳定性、速度和安全性，并创造出简单有效的使用界面。根据百度统计流量研究院的报告数据，谷歌浏览器在浏览器市场占比最高。图 1-3 所示为 2022 年 7 月份的国内浏览器市场份额图。

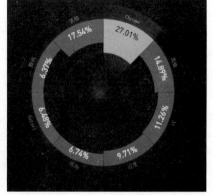

图 1-3　2022 年 7 月份的国内浏览器市场份额图

（2）浏览器内核

浏览器的内核也就是浏览器所采用的渲染引擎，是浏览器最核心的部分，主要负责对网页语法的解释并渲染（显示）网页内容。即浏览器如何显示网页的内容以及页面的格式信息是由渲染引擎决定的。由于不同厂商的浏览器的内核不一样，因此同一页面在不同浏览器显示的效果也可能有所差别。常见的浏览器内核有 Trident、Presto、Gecko、WebKit、Blink。表 1-1 所示为主流浏览器的内核情况。

表 1-1　主流浏览器的内核情况

浏览器名称	内核	备注
IE 浏览器	Trident	IE、猎豹安全、360 极速等都使用了该内核
Firefox	Gecko	火狐浏览器
Safari	WebKit	苹果浏览器
Google Chrome	之前是 WebKit，2013 年换成 Blink	Blink 是 WebKit 的一个分支
Opera	Presto，2013 年换成 Blink	欧朋浏览器

IE、火狐和谷歌是目前互联网上的三大浏览器。对于一般的网站，只要兼容 IE 浏览器、火狐浏览器和谷歌浏览器，就能满足大多数用户的需求。

（3）Web 标准

Web 标准（Web Standard）是由 W3C（英文 World Wide Web Consortium 的缩写，也叫万维网联盟，国际著名的标准化组织）与其他标准化的组织共同制定的一系列的 Web 标准。不同的浏览器采用的内核不一样，在对同一个网页文档进行解析后显示的效果可能存在差异，为了保证用户使用不同的浏览器都能够看到正常显示的网页，Web 开发者需要考虑兼容多个版本的浏览器。Web 标准解决了这一问题。在开发新的应用程序时，浏览器开发商和站点开发商都需要遵循 Web 标准。

Web 标准是一系列标准的集合，包括网页结构标准、表现标准和行为标准。结构标准（HTML、XML、XHTML），主要是负责对网页的信息进行分类和整理；表现标准（CSS），主要是设置网页的外在样式，包括网页的布局、字体风格、字体大小、颜色、背景等；行为标准（JavaScript），指的是对网页模型进行定义以及动态交互效果的实现，主要有三个部分：ECMAScript、DOM、BOM。

任务 1.2 使用 Hbuilder X 开发工具

学习目标

知识目标：了解并熟悉 HBuilder X 站点搭建工具，学会搭建本地站点、进行相应的文件管理。

能力目标：熟练使用 HBuilder X 创建站点、管理文件。

素养目标：养成良好的保存、管理站点文件的习惯，培养学生职业素养。

建议学时

2 学时。

任务要求

"互联网＋"时代下，网站搭建使用的图片、视频、音频等素材都是丰富多彩的。通过本任务的学习，能根据网站的使用范围和用途进行细致分析，准备和收集网站建设的相关素材，再对这些素材进行分类和整理。学会创建一个项目站点管理素材，即将不同类型的素材保存在项目站点的不同类别的文件夹中，并合理规划站点结构。对资源的有效管理，网页开发者可以做到事半功倍，也利于后期网站的维护。"工欲善其事，必先利其器"，要学会网页开发，需要灵活掌握 HBuiler X 开发工具的使用，学会使用 HBuilder X 创建项目站点，管理站点目录下的相关文件。

①在自己的计算机中安装 HBuilder X 开发工具。

②用 HBuilder X 创建一个项目站点。

③分别用记事本和 HBuilder X 创建第一个网页。

相关知识

1. 站点规划

（1）站点概念

一个网站的组成往往包含了多个相互关联的文件，如果将网站所需的全部资源都堆放在一个目录下，则会降低网站开发者的开发效率和增大后期网站维护的难度，为了提升网站管理工作的时效性，这些文件和资源往往都是通过"站点"的形式进行分类管理的，网站开发者可以方便、有效地利用站点里面的文件。

（2）网站规划

一般来说，创建站点的做法是首先选择一个本地磁盘并创建一个文件夹，该文件夹作为站点文件，然后在该文件夹下创建多个子文件夹，再将所有收集使用的资源分类存储在相应的子文件夹中。图1-4所示为常见的站点目录文件夹结构。

图1-4　常见的站点目录文件夹结构

mysite 文件夹是一个站点目录文件夹，关于要创建的网站的所有资源都存放在这个站点目录文件夹中。images 文件夹存放收集的样式类照片。upload 文件夹为产品类图片文件夹，主要存放网页中需要经常更换的图片。css 文件夹存放以 .css 为后缀的层叠样式表。js 文件夹为脚本文件夹，存放 JavaScript 的相关文件。fonts 为字体类文件夹。

2. HBuilder X 的安装与基本功能简介

（1）HBuilder X 的安装

打开 HBuilder 官方网站（http://www.dcloud.io），下载最新版的 HBuilder X。单击"HBuilder X 极客开发工具"，如果你的电脑是 Windows 系统，则在弹出的页面中直接单击"Download for Windows"按钮进行下载；如果是 MacOS 系统，则选择"more"，选择相应的版本进行下载，如图1-5所示。建议下载正式版。

图1-5　HBuilder X 下载版本提示框

HBuilder X 下载完成后，只需要进行解压就可以使用了。解压后，双击启动文件 HBuilderX. exe，如图 1 - 6 所示。

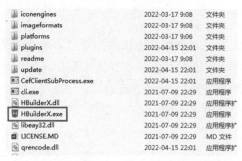

图 1 - 6　HBuilderX. exe 可执行文件

HBuilder X 第一次启动时，会自动打开了一个以 . md 为后缀名的 markdown 文件，即 HBuilder X 自述文件。阅读完毕后，可以直接关闭。在关闭后的软件右侧窗口，单击"入门教程"快捷菜单，可以打开 HBuilder X 官方的使用教程，其提供了 HBuilder X 的详细使用方法。

（2）HBuilder X 的基本功能简介

1）代码助手

HBuilder X 拥有强大的代码助手提示，在输入过程中，会有相关的代码显示在下方，可以按 Alt + 数字组合键快速选择对应行的代码，其类似于中文输入法中输入数字选词，可以加快代码输入速度，如图 1 - 7 所示。

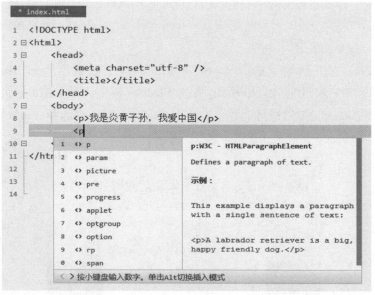

图 1 - 7　代码助手

2）安装插件

单击菜单栏中的"工具"菜单，选择"插件安装"，选择需要的插件，单击"安装"

按钮即可在线安装；如需卸载插件，直接单击"卸载"按钮，如图 1 - 8 所示。

图 1 - 8 "插件安装"窗口

3）内置 Emmet

Emmet 是许多流行文本编辑器的插件，它极大地改进了 HTML 和 CSS 工作流程。HBuilder X 也集成了 Emmet 功能。现在介绍几种常用的 HTML 和 CSS 的快速输入方法。可以访问 http://www.emmet.io/ 查看 Emmet 教程资料来了解更多详情。

3. 创建 Web 项目站点

为了便于管理网站，首先需要学会创建 Web 项目站点，下面讲解使用 HBuilder X 新建 Web 项目站点的方法。

打开 HBuilder X 软件，可利用以下方法创建 Web 项目站点：

- 单击右侧窗口"新建项目"快捷菜单，选择"新建项目"。
- 单击工具栏上的第一个图标（带有红色 + 号），在弹出的菜单中选择"1. 项目"。
- 单击菜单栏中的"文件"，选择"新建 N"，在弹出的菜单中选择"1. 项目"。
- 利用快捷键 Ctrl + N，在弹出的菜单中选择"1. 项目"。

以上 4 种方法都会调出新建项目窗口，图 1 - 9 所示为创建项目方法窗口。

在图 1 - 10 所示的"新建项目"窗口中，选择"普通项目"，在 A 处填写新建项目的名称（项目名称根据具体项目进行自定义），在 B 处选择本项目站点保存的路径。C 处可选择模板，一般选择"基本 HTML 项目"模板，单击"创建"按钮完成创建。

新建"html 学习"项目后，创建项目站点文件，如图 1 - 11 所示。该项目站点中包含了三个空的文件夹：存放 css 样式文件的 css 文件夹、存放图像的 img 文件夹和存放 JavaScript 文件的 js 文件夹，以及一个编写项目默认的文件 index. html。

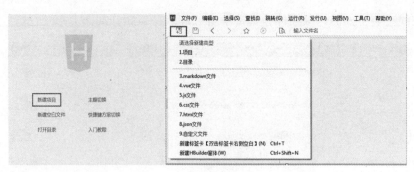

图 1-9　创建项目方法窗口

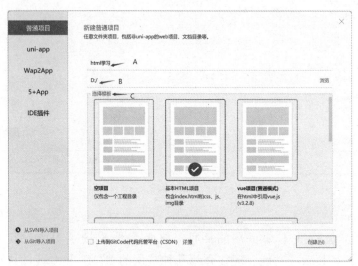

图 1-10　"新建项目"窗口

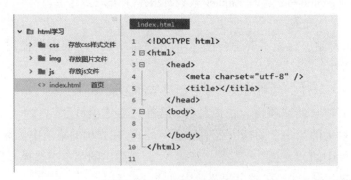

图 1-11　项目站点文件

在图 1-10 中创建项目时，在 C 处选择模板，选择了"空项目"模板，然后单击"创建"按钮完成创建。创建的项目站点为空目录文件夹，选择该项目文件夹（html 学习），单击菜单栏的"文件"或工具栏上第一个图标（带有红色＋号），在弹出的菜单中选择"2.目录"，打开"新建目录"对话框，如图 1-12 所示，输入目录名称（如 css）可以创建空的 css 文件夹。使用同样的方法可以创建其他文件夹。

4. 项目站点的导入

如果需要将本地磁盘中保存的项目站点导入 HBuilder X 中，可以采用如下步骤：

图 1-12　新建目录

（1）导入项目

打开 HBuilder X 软件，单击"文件"菜单，在弹出的选项中选择"导入"选项，再选择"从本地目录导入"，或者选择"文件"中的"打开目录"，如图 1-13 所示。

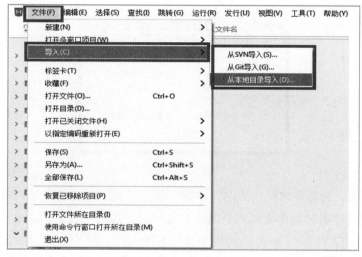

图 1-13　导入项目

（2）选择项目存放路径

在弹出的对话框中，选择要导入项目的文件夹存放的路径，导入整个项目文件，如图 1-14 所示。

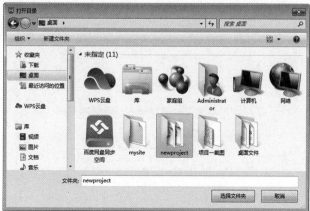

图 1-14　选择项目路径

巩固提升

前面学习了利用 HBuilder X 创建站点和将站点目录文件夹导入开发工具中。由于 HTML 文件是一个纯文本文件，因此，也可以用纯文本编辑器编辑 HTML 文件，如使用电脑自带的"记事本"程序编写。

微视频 1 – 1

1. 使用"记事本"创建第一个网页

①在电脑磁盘中创建站点目录文件夹。

②单击电脑左下角的"开始"菜单，选择"所有程序"中的"附件"，单击"附件"中的"记事本"。或者直接在站点目录文件夹中右击空白处，选择"新建"中的"文本文档"。

③在"记事本"窗口输入如图 1 – 15 所示的代码。

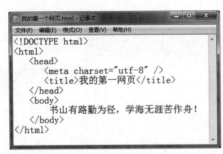

图 1 – 15 第一个网页的代码

④输入代码后，选择菜单栏"文件"中的"保存"或"另存为"，在弹出的"另存为"对话框中，在"文件名"框中输入网页名称，文件名必须以 .html 或 .htm 为扩展名，保存类型选择为"所有文件（*.*）"，编码选择"UTF – 8"，保存在站点目录文件夹中，如图 1 –16所示。如果文本文件仍是以 .txt 为扩展名的文件，可以直接通过"另存为"命令，按照本步骤方式修改其扩展名为 .html 或 .htm，将原记事本文件删除。

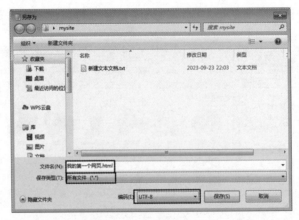

图 1 – 16 将文本文件保存为 .html 文件

⑤单击"保存"按钮。如果需要修改该 html 文件，可以选择文件，单击右键，选择"记事本"文件。或者先打开"记事本"程序，单击菜单栏中的"文件"→"打开"，找到

该文件，然后进行相应的代码修改即可。

⑥用浏览器显示 HTML 文件。找到站点目录文件夹，选择保存好的 html 文件，单击右键，选择"打开方式"，如图 1 – 17 所示，选择浏览器打开该文件，显示效果如图 1 – 18 所示。

图 1 – 17　选择浏览器

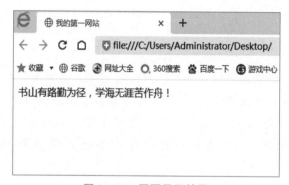

图 1 – 18　网页显示效果

2. 使用 HBuilder X 文件创建第一个网页

①根据前面介绍的创建 Web 项目站点的方式创建一个站点目录文件夹。

②选择 index. html 文件，可以看到生成好的基本结构。然后输入如图 1 – 15 所示文本。

③保存文档。单击图 1 – 19 所示 A 处的"保存"按钮或菜单栏中"文件"中的"保存"选项，也可使用快捷键"Ctrl + S"。

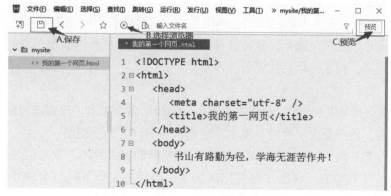

图 1 – 19　HBuilder X 创建第一个网页代码

④浏览器显示网页。单击图 1 – 19 所示的 B 处，选择一种浏览器，或者单击菜单栏"运行"中的"运行到浏览器"，选择一种浏览器。如果下载了内置浏览器，可以直接单击"预览"按钮，如图 1 – 19 所示的 C 处。浏览器显示效果，如图 1 – 18 所示。

任务 1.3　认识 HTML 文档的基本结构及标签特点

学习目标

知识目标：熟悉 HTML 文档的基本结构，了解基本结构中各标签所代表的含义。

能力目标：掌握 HTML 文档的基本结构，能够在正确的位置书写代码。

素养目标：养成良好的编写代码习惯。

建议学时

1 学时。

任务要求

随着时代的发展，使用统一的互联网通用标准显得尤为重要。早期由于各个浏览器之间的标准不统一，给网站开发人员带来了很大的麻烦。2014 年 10 月 29 日，万维网联盟宣布，经过 8 年的艰辛努力，HTML5 标准规范终于完成，并公开发布，使得视频、音频、图像、动画等都被标准化。本任务将针对 HTML5 发展历程和 HTML5 的基本结构进行讲解。

相关知识

1. HTML 概述

HTML 是 Hyper Text Markup Language 的缩写，中文译为"超文本标记语言"，是表示网页的一种标准，主要是通过标记符（HTML 标签）定义网页显示的内容，比如文本、图片、视频、音频等。HTML 提供了许多标记，比如标题标记、段落标记、换行标记、图片标记等。网页中需要显示什么内容，就用相应的 HTML 标记进行描述。

HTML 之所以称为超文本标记语言，是因为它不仅可以利用标记来描述文本，还可以利用标记来描述图片、音频、视频，超链接等，甚至利用超链接将网页中的各种元素、网页、网站相互链接起来，构成一个功能完备的网站。

2. HTML5 演变

HTML 从第一代草案到现在的 HTML5 版本，经历了多个版本，现在流行的 HTML5 并不是革命性的改变，而只是发展性的。图 1 – 20 所示为 HTML 的演变图。

• HTML（第一版）：1993 年 6 月，首次以因特网的形式发布，发布的是互联网工程工作小组（IETF）工作草案，该版本没有标准版本。当时有多个不同的 HTML 版本出现，没有形成统一，但初具雏形。

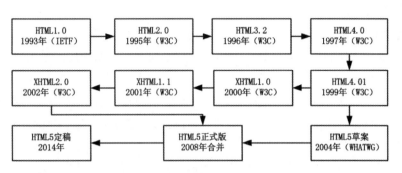

图 1 – 20　HTML5 的演变图

● HTML4.01 版：1999 年 12 月 24 日，W3C 推荐标准。从 1995 年的 2.0 版到 1999 年的 4.01 版，随着 HTML 的发展，万维网联盟（World Wide Web Consortium，W3C）掌握了对 HTML 规范的控制权，负责后续版本的制定工作。

● HTML4.01 版本之后，业界普遍认为 HTML 已经穷途末路，所以对 Web 标准的研究开始转移到了 XML 和 XHTML 上，HTML 被摆在了次要位置。因此，出现了 XHTML 相关的标准。

● HTML5 草案：虽然 HTML 标准的研究摆在次要位置，但是 HTML 仍具有顽强的生命力，主要的网站还是基于 HTML 制作的。为了支持新的 Web，应克服现有的缺点和继续深入发展 HTML 规范，在 2004 年，一些浏览器厂商联合成立的 WHATWG 工作组致力于 HTML 的研究，它们创立了 HTML5 规范，形成了 HTML5 的草案。

● HTML5 正式版：2006 年，W3C 组建了新的 HTML 工作组，采纳了 WHATWG 的意见，并于 2008 年发布了 HTML5 正式版。

● HTML5 定稿版：因为 HTML5 能够解决实际问题，所以各大浏览器厂家在规范还未定稿的情况下就开始支持 HTML5，并对旗下的产品进行升级，用来支持 HTML5 的新功能。由于得到浏览器的实验性反馈，使得 HTML5 规范也能够持续地得到完善。2014 年 10 月 29 日，万维网联盟宣布，经过 8 年的艰辛努力，HTML5 标准规范终于完成，并公开发布。

3. HTML 文档的基本结构

从 HTML4.0、XHTML 到 HTML5，是 HTML 标记语言的一种更加规范的过程。HTML5 其实没有给网页制作者带来多大的冲击，实质上，HTML5 只添加了很多实用的新功能和新特性。首先，它的基本结构更加简化，它的结构如下：

```
<!DOCTYPE html >
<html >
   < head >
      <meta charset = "utf - 8"/>
      <title > </title >
   < /head >
   <body >
   < /body >
< /html >
```

（1） ＜！DOCTYPE ＞

＜！DOCTYPE ＞标记位于文档的最前面，用于声明文档类型，即向浏览器说明当前文档使用哪种 HTML 或 XHTML 标准规范。＜！DOCTYPE html ＞说明使用的是 HTML5 版本。

（2） ＜html ＞

＜html ＞位于＜！DOCTYPE ＞之后，是 HTML 元素的根元素，也称为根标签。主要用于告诉浏览器其自身是一个 HTML 文档，文档从＜html ＞标志开始，到＜/html ＞标志结束，网页的其他所有内容都位于两个标记符中间。

注意：在网站上有时会发现根标签的起始标签是＜html lang ＝"zh－CN" ＞，lang 是 html 根标签的一个属性，用来定义当前网页内容所使用的语言。en 定义为英文网站，zh－CN 定义为中文网站，其实对于 HTML 文档来说，en 英文网站也可以显示中文，zh－CN 中文网站也可以显示英文。

（3） ＜head ＞

＜head ＞称为头部标签，紧跟在＜html ＞之后，定义 HTML 文档的文档头，它里面不包括网页的任何实际内容，而是存放一些与网页有关的特定信息。＜head ＞头部可以封装其他标签，如＜title ＞、＜meta ＞、＜link ＞、＜style ＞、＜script ＞等，用来描述文档的标题、使用的编码、外部 CSS 文件的引入、CSS 样式的编写、JavaScript 文件的引入等。一个 HTML 文档只能含有一对＜head ＞＜/head ＞标签。

1） ＜title ＞

＜title ＞位于＜head ＞标签的内部，是最基本、最常用的标记符，用于定义 HTML 文档的标题。在浏览器渲染后，显示在浏览器的标题栏中。设置的网页标题必须有意义。一个 HTML 文档只能含有一对＜title ＞标记。

2） ＜meta/ ＞

＜meta/ ＞标签用于定义页面的元信息，＜meta/ ＞标签可以多次使用，主要用于提供网页的相关信息，不会显示在页面中。在 HTML 中，＜meta/ ＞是一个单标签，一般可用于向浏览器传递信息或者命令，例如为搜索引擎提供网页的关键字、内容描述、作者姓名、版权、使用的字符集以及定义网页的刷新时间等。

➢ ＜meta name ＝"名称" content ＝"值"/ ＞

name 属性主要用来向搜索引擎提供页面的关键词、网页的描述等信息；content 属性对应具体的内容。

● name 属性的属性值为 keywords，告诉搜索引擎该页面的关键词；对应的 content 属性的属性值就是定义网页中涉及的关键词的具体内容，多个关键词中间用 "，" 隔开。以下是某网站的关键字设置：

```
<meta name = "keywords" content = "新闻,新闻中心,新闻频道,时事报道"/>
```

● name 属性的属性值为 description，告诉搜索引擎该页面的网页描述；对应的 content 属性的属性值就是介绍页面的描述性内容，网页描述的文字不宜设置过多，描述清楚即可。以下是某网站的网页描述：

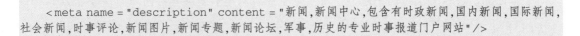

```
<meta name = "description" content = "新闻,新闻中心,包含有时政新闻,国内新闻,国际新闻,
社会新闻,时事评论,新闻图片,新闻专题,新闻论坛,军事,历史的专业时事报道门户网站"/>
```

● name 属性的属性值为 author，告诉搜索引擎该页面作者；对应的 content 属性的属性值就是描述作者的具体信息，通常后面也会有邮箱。以下是某网站的作者信息：

```
<meta name = "author" content = "网页设计部,somebody@example.com"/>
```

● name 属性的属性值为 copyright，用于标注版权信息；对应的 content 属性的属性值就是描述页面的版权。下面是某网站的版权信息：

```
<meta name = "copyright" content = "Laoxxxx "/>
```

➢ <meta http – equiv = "名称" content = "值"/>

http – equiv 属性可以向浏览器发送一些有用的信息，为浏览器提供相关的参数标准；content 中的内容是对 http – equiv 属性的属性值的具体描述。

● http – equiv 属性的属性值为 Content – Type，定义设置的字符集；对应的 content 属性的属性值为 text/ html 和 charset = utf – 8，两个属性值中间用 "；" 隔开，表示此时采用的字符集编码是 utf – 8。utf – 8 是目前最常用的国际化字符集编码格式，gbk 和 gb2312 是常用的国内中文字符集编码格式。但如果要国际通用，尽量采用 utf – 8。例如某网站的字符集的设置如下：

```
<meta http – equiv = "Content – Type " content = "text/html; charset = utf – 8 "/>
```

在 HTML5 中，对字符集的设置已经简化，代码如下：

```
<meta charset = "utf – 8"/>
```

● http – equiv 属性的属性值为 refresh，对应的 content 属性的属性值为数值和 url 地址，中间用 "；" 隔开，表示经过 content 设置的数值时间（单位默认为秒）后跳转到 url 地址描述的目标页面。如设置某个页面 15 秒后跳转到江西机电职业技术学院官网：

```
<meta http – equiv = "refresh" content = "15;url = https://www.jxjdxy.edu.cn"/>
```

（4） <body>

<body> 称为主体标签，用于定义 HTML 文档的文档主体，即 HTML 所要显示内容，比如所有的文本、图像、音频、视频、超链接等都放在该标签内。一个 HTML 文档中只能含有一对 <body> </body> 标签，它与 <head> </head> 这对标签并列放在 <html> 标签内部。

任务 1.4 使用文本相关标签实现文字修饰和布局

学习目标

知识目标：掌握标签和其属性的基本书写方法；掌握文字标签及属性。

能力目标：会使用文本相关标签实现文字修饰和布局。

素养目标：培养学生的动手能力，增强学生分析问题和解决实际问题的综合能力。

建议学时

2 学时。

任务要求

网页实际上就是由各种各样的 HTML 元素构成的文本文件，HTML 使用标签来分别定义这些元素。学习 HTML，就是学习它的标签及其属性，在书写标记语言的时候，标记符号包括元素、属性、尖括号等，必须使用半角西文字符。

1. 能说出标签的分类及关系。

2. 能写出 HTML 标签设置属性的基本语法格式。

3. 能说出指定标签的语法及语义，如 < hn > 标签、< p > 标签、< br/ > 标签、< hr/ > 标签等。

相关知识

1. 标签概述

在 HTML 页面中，使用 " < " 和 " > " 括起来的元素叫作 HTML 标签，也称为 HTML 标记，比如 < head >、< title >、< body > 等都是 HTML 标签，目前 HTML 标签不区分大小写，但是 W3C 建议最好使用小写。一对标签包含的所有代码，表示某个功能的编码命名，称为 HTML 元素。

（1）标签的分类

HTML 标签通常分为两大类，分别为 "双标签" 和 "单标签"。

➢ 双标签

双标签是由起始标签和结束标签两部分组成的，成双成对出现。基本格式如下：

< 标签名 > 内容 < /标签名 >

前面学习的很多标签都是双标签，比如根标签 < html > 是起始标签，< /html > 是结束标签。

➢ 单标签

在 HTML 标签中，某些标签单独使用就可以完整地表达某个功能，这样的标签叫作单标签。基本格式如下：

< 标签名 / >

比如后面将要学习的换行标签 < br/ >、水平线标签 < hr/ > 都是单标签，它们都能完整表达某个功能。其中的 "/" 可以省略，但建议按上面格式书写。

（2）标签的关系

在网页中，各个标签之间都有一定的关系。标签的关系分为嵌套关系和并列关系。

➢ 嵌套关系

嵌套关系，也叫包含关系，也称为父子关系，一对双标签里面包含了其他的标签，这对双标签与它里面的标签之间的关系就是嵌套关系。比如，在 HTML 结构中，< html > 标签与内部的 < head > 标签（或者 < body > 标签）之间就是嵌套关系，通常称外层的 < html > 标签为父标签，称内部的 < head > 标签（或者 < body > 标签）为子标签，具体代码如下：

```
< html >
    < head > < /head >
    < body > < /body >
< /html >
```

注意：输入嵌套关系的代码时，请注意各标签代码的正确格式。

➢ 并列关系

并列关系，也叫兄弟关系，就是两个标签属于同一级别，不发生相互的嵌套。比如上面代码中的 < head > 标签和 < body > 标签就是并列关系。

（3）标签属性

许多标签还具有一些属性，可以完成对标签作用的内容作一些更详细的设置。HTML 标签设置属性的基本语法格式如下：

```
< 标签名 属性 1 = "属性值 1" 属性 2 = "属性值 2"…> 内容 < /标签名 >
```

标签可以拥有多个属性，但属性都必须放在起始标签的内部，写在标签名的后面，中间用空格隔开。"属性 = "属性值""是成对出现的，即以键值对的形式出现，属性与属性值之间用" = "连接，属性值用双引号括起来。注意：属性与属性之间用空格隔开，属性之间不分先后顺序。标签也可以无属性。例如，给 < font > 标签设置属性：

```
< font face = "微软雅黑" color = "red" > 内容 < /font >
```

< font > 标签为文本样式标签；face 和 color 都是属性名；"微软雅黑"和 red 是其对应的属性值，表示将 < font > 标签内部的字体设置为微软雅黑和红色。

2. 文本段落相关标签

文本是网站内容最基本的元素，为了使文字排版整齐、结构清晰，HTML 提供了一系列关于文本段落的标签，例如，标题标签、段落标签、水平线标签、换行标签等，这些标签都具有语义化。

（1）标题标签

在网页中，经常使用到标题标签。在 HTML 中，用户可以通过 < hn > 标签来识别文档中的标题。其中，n 的取值为 1 ~ 6。提供了 < h1 >、< h2 >、< h3 >、< h4 >、< h5 >、< h6 > 共 6 个等级的标题标签。它们的重要性是从 < h1 > 到 < h6 > 标题依次递减。其语法格式如下：

```
< hn align = "对齐方式" > 标题文本 < /hn >
```

align 属性用于表示标签内部的标题文本的水平对齐方式，该属性为可选属性，当 align 省略时，默认为标题文本左对齐。align 属性具有三个属性值，即 left（左对齐，默认值）、center（居中对齐）和 right（右对齐）。

【示例 1 –1】通过一个简单案例认识标题标签。

```
<!DOCTYPE html>
<html>
    <head>
        <meta charset = "utf -8"/>
        <title>标题标签</title>
    </head>
    <body>
        <h1>h1 标题标签</h1>
        <h2 align = "left">h2 标题标签</h2>
        <h3 align = "center">h3 标题标签</h3>
        <h4 align = "right">h4 标题标签</h4>
        <h5>h5 标题标签</h5>
        <h6>h6 标题标签</h6>
    </body>
</html>
```

网页运行效果如图 1 –21 所示。可见默认情况下，标题文字是加粗左对齐显示；<h2>标签设置 align 属性为 left，标题文字左对齐显示；<h3>标签设置 align 属性为 center，标题文字水平居中显示；<h4>标签设置 align 属性为 right，标题文字右对齐显示。从<h1>到<h6>，标题文字的字号依次减小。

图 1 –21　标题标签效果

注意：一个页面只能有一个<h1>标签，一般被用于网站 logo 部分。一般不建议使用<hn>标签的 align 属性设置其水平对齐方式，可使用 CSS 设置。

（2）段落标签

在网页中，为了使文章结构清楚，段落有序，都离不开段落标签，它可以将文章分成若干个段落。在网页中，使用<p>标签来定义段落。其语法格式如下：

```
<p align = "对齐方式">段落文本</p>
```

align 属性用于表示标签内部的段落文本的水平对齐方式，该属性为可选属性，其属性值也是 left（默认值）、center 和 right。

【示例 1 – 2】通过一个简单案例认识段落标签。

```
<!DOCTYPE html>
<html>
    <head>
        <meta charset = "utf - 8"/>
        <title>段落标签</title>
    </head>
    <body>
        <h3 align = "center">望天门山</h3>
        <p align = "center">李白</p>
        <p align = "center">天门中断楚江开,</p>
        <p align = "center">碧水东流至此回。</p>
        <p align = "center">两岸青山相对出,</p>
        <p align = "center">孤帆一片日边来。</p>
        <p>译文:天门山被长江从中间断开,碧绿的江水向东流到这儿又回转向北流去。两岸的青山
相对耸立,一只小船从天阳升起来的地方悠悠驶来。</p>
    </body>
</html>
```

网页效果如图 1 – 22 所示。除了最后一个 <p> 标签没有设置属性外，其他所有的 <p> 标签和 <h3> 标签都添加了"align = "center""属性，即都设置为居中对齐方式。每一段段落都是独占一行，并且段落之间有一定的间隔。如果改变浏览器窗口大小，会发现文本的段落会随着浏览器窗口的大小自动换行。

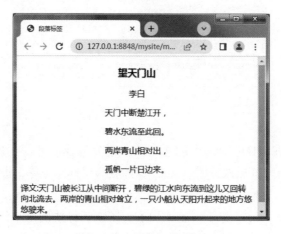

图 1 – 22 段落标签效果

（3）换行标签

书写代码时，如果通过 Enter 键对本文进行换行，但在运行代码后，网页显示并没有换行效果。在网页中，如果想要将文本强制换行，需要使用换行标签
。

【示例 1 – 3】通过一个简单案例认识换行标签。

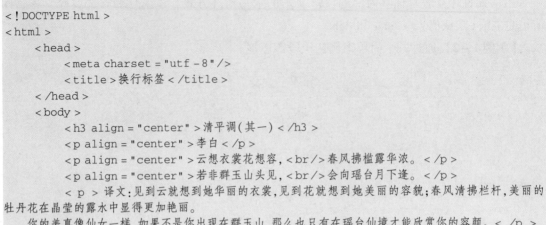

```
<!DOCTYPE html >
<html >
    <head >
        <meta charset = "utf -8"/>
        <title >换行标签</title >
    </head >
    <body >
        <h3 align = "center" >清平调(其一) </h3 >
        <p align = "center" >李白 </p >
        <p align = "center" >云想衣裳花想容, <br/>春风拂槛露华浓。</p >
        <p align = "center" >若非群玉山头见, <br/>会向瑶台月下逢。</p >
        < p > 译文:见到云就想到她华丽的衣裳,见到花就想到她美丽的容貌;春风清拂栏杆,美丽的
牡丹花在晶莹的露水中显得更加艳丽。
        你的美真像仙女一样,如果不是你出现在群玉山,那么也只有在瑶台仙境才能欣赏你的容颜。< /p >
    </body >
</html >
```

网页运行效果如图 1－23 所示。上面代码运用了 < br/ > 标签的地方发生了自动换行,而在代码中,运用了 Enter 键手动换行的地方并没有换行,而只是多出了一个空白符。通过换行标签换行的两段之间没有间隙。

图 1－23　换行标签效果

(4) 水平线标签

< hr/ > 标签用于在 HTML 页面中创建一条水平分隔线,可以在视觉上将文档分隔成多个部分,使文档结构清晰,层次分明。< hr/ > 标签为单标记标签,没有结束标签。

语法: < hr 属性 = "属性值"/ >

在网页中输入一个 < hr/ > 标签,就添加了一条默认样式的水平线。通过设置 < hr/ > 标签的属性值,可以控制水平分隔线的样式。其常见的属性见表 1－2。

表 1－2　水平线标签常见属性

属性	功能	单位	默认值
size	设置水平线的粗细	pixel (像素)	2
width	设置水平线的宽度	pixel (像素)、%	100%

续表

属性	功能	单位	默认值
align	设置水平线的对齐方式，属性值有 left、center、right		center
color	设置水平线的颜色		灰色

【示例1-4】通过一个简单案例认识 <hr/> 标签以及其属性的用法。

```
<!DOCTYPE html >
<html >
    <head >
        <meta charset = "utf -8"/>
        <title >水平线标签 </title >
    </head >
    <body >
        <h3 align = "center" >清平调 (其二) </h3 >
        <p align = "center" >李白 </p >
        <hr size = "3" color = "#FF0000" width = "80% " align = "left"/>
        <p align = "center" >一枝红艳露凝香, </p >
        <p align = "center" >云雨巫山枉断肠。 </p >
        <p align = "center" >借问汉宫谁得似, </p >
        <p align = "center" >可怜飞燕倚新妆。 </p >
        <hr/>
        <p >译文:你如同那红艳的牡丹花, 叶满浓露, 花凝清香。传说中的楚王与神女在巫山相
会, 虚无缥缈令人惆怅, 和你比较, 真是大为逊色。请问昔日汉宫之中谁能像你这样美丽无双和得到皇帝的
喜爱? 就算那位身轻如燕能做掌上飞舞的赵飞燕也要靠精心打扮吧! </p >
    </body >
</html >
```

网页运行效果如图1-24所示。第一个 <hr/> 标签设置了水平线的粗细为3、颜色为红色、宽度占浏览器可视窗口的80%和对齐方式为左对齐, 第二个 <hr/> 标签没有设置任何样式, 默认为2像素和浏览器等宽的灰色水平线。

图1-24　水平线标签效果网页效果

注意：在实际工作中，不赞成直接使用 < hr/ > 的外观属性，都是使用 CSS 样式进行设置的。

（5）文本样式标签

文本样式标签可以设置文本的一些外观样式（如字号、颜色和字体大小），这样可以使显示出来的页面更加丰富。

语法格式：

< font face = "字体名称" color = "文字颜色" size = "文字大小" >文本内容 < /font >

< font >标签的属性可以设置网页中的文本字体、字号和颜色，常见的属性见表 1 - 3。

表 1 - 3　文本样式标签常见属性

属性名	说明
face	设置文字的字体，例如宋体、黑体和微软雅黑等
color	设置文字的颜色
size	设置文字的大小，取值范围是 1~7，7 号最大，1 号最小，默认大小是 3 号字

【示例 1 - 5】通过一个简单案例认识 < font > 标签以及其属性的用法。

```
<!DOCTYPE html >
<html >
    < head >
        < meta charset = "utf - 8"/>
        < title >文本样式标签 < /title >
    < /head >
    < body >
        < h3 align = "center" > < font color = "red" face = "黑体" size = "5" >清平调(其
三) < /font > < /h3 >
        < p align = "center" >李白 < /p >
        < hr/>
        < p align = "center" >名花倾国两相欢, < /p >
        < p align = "center" >常得君王带笑看。 < /p >
        < p align = "center" >解释春风无限恨, < /p >
        < p align = "center" >沉香亭北倚阑干。 < /p >
        < p > < font color = "red" > 译文: < /font > 高贵的牡丹,倾国的美人,两相映照,相
得益彰,更赢得了君王的喜爱,他面带笑容时时欣赏。动人的景色像春风一样,能消解内心无限惆怅。你看,
君王正依靠在沉香亭北边的栏杆上出神地望着美景! < /p >
    < /body >
< /html >
```

网页运行效果如图 1 - 25 所示。在 < h3 > 标签中嵌套了 < font > 标签，在 < font > 标签中设置了颜色为红色、字体为黑体和字号为 5 的样式，最后一行的"译文："设置了颜色为红色的样式。

（6）字体样式标签

在 HTML 中，字体样式标签可以设置文字的粗体、斜体、删除线或下划线效果，使文字以特殊的方式显示。常用的字体样式标签见表 1 - 4。

图 1-25　文本样式标签效果

表 1-4　常见的字体样式标签

标签	说明
< b > </ b > 和 < strong > </ strong >	文本以粗体显示
< i > </ i > 和 < em > </ em >	文本以斜体显示
< s > </ s > 和 < del > </ del >	文本以添加删除线方式显示
< u > </ u > 和 < ins > </ ins >	文本以添加下划线方式显示

表 1-4 中，每行所示的两组标签在网页中显示的效果相同，但是 HTML5 中建议使用 < strong > 标签、< em > 标签、< del > 标签和 < ins > 标签设置字体样式，更符合 HTML 结构的语义化。

【示例 1-6】通过一个简单案例认识字体样式标签的用法。

```
<! DOCTYPE html >
<html >
    < head >
        < meta charset = "utf -8"/>
        < title > 字体样式标签 </ title >
    </ head >
    < body >
        < h3 align = "center" > < u > 月下独钓(选节) </ u > </ h3 >
        < p align = "center" > < ins > 李白 </ ins > </ p >
        < hr/>
        < p align = "center" > < s > 花间一壶酒, </ s > </ p >
        < p align = "center" > < del > 独酌无相亲。 </ del > </ p >.
        < p align = "center" > < i > 举杯邀明月。 </ i > </ p >
        < p align = "center" > < em > 对影成三人。 </ em > </ p >
        < p > < strong > 译文: </ strong > 花丛中摆上 < b > 一壶酒 </ b >, 独自喝酒没有知心朋友
相伴。只好举杯邀请明月为伴。我和影子、月亮"三人"一起来喝酒。 </ p >
    </ body >
</ html >
```

网页运行效果如图 1 – 26 所示。上面代码中嵌套了字体样式标签后的文字都产生了特殊的显示效果。

图 1 – 26　字体样式标签效果

（7）特殊字符

在 HTML 文档中，常常会看到一些特殊字符的文本，如版权符号、注册商标等。在 HTML 文件中，如果要显示特殊字符，须用其转义字符进行表示，常用的特殊字符见表 1 – 5。

表 1 – 5　常用的特殊字符

特殊字符	符号代码	备注
空格		表示一个英文字符的空格
>	&gt;	大于号
<	&lt;	小于号
©	&copy;	版权符号
®	&reg;	注册商标
¥	&yen;	人民币符号

（8）注释标签

为了使后期网站更好维护，需要在 HTML 文档中添加一些便于阅读和理解但又不需要显示在页面中的注释文字，这就需要使用注释标签。其基本语法格式如下：

```
<! – –注释文字 – –>
```

注意：注释内容不会显示在浏览器窗口中，但是作为 HTML 文档内容的一部分，用户查看源代码时就可以看到注释标签。可使用快捷键 Ctrl + / 。

任务 1.5 初识 CSS 基础语法

学习目标

知识目标：了解 CSS 设置网页样式的优点，掌握 CSS 样式规则。

能力目标：能正确书写 CSS 样式。

素养目标：培养学生关注细节、精益求精的精神。

建议学时

1 学时。

任务要求

如果网页大面积使用 HTML 标签属性进行修饰，容易造成代码臃肿和冗余，既不利于代码的阅读，也会为后期维护带来困难。CSS 是一种样式表现语言。所谓表现，就是指文档内容显示的样式，包括版式、颜色和大小等。在实际开发中，页面中显示的内容放在结构（html）里，而修饰、美化放在表现（css）里，做到结构与表现分离。因此，Web 标准推荐使用 CSS 来完成表现。本任务介绍 CSS 的优点以及 CSS 样式规则。

同时，能够正确写出 CSS 样式规则并进行运用。

相关知识

1. CSS 简介

层叠样式表（Cascading Style Sheets，CSS）是一种用来表现 HTML（标准通用标记语言的一个应用）或 XML（标准通用标记语言的一个子集）等文件样式的计算机语言。其是由 W3C 的 CSS 工作组创建和维护的。它是一种不需要编译，可直接由浏览器执行的标记性语言，用于格式化网页的标准格式。它扩展了 HTML 的功能，使网页设计者能够以更有效的方式设置网页格式。

使用 CSS 设置网页样式，具有如下优点：

● 语法易学易懂。样式效果丰富，可灵活控制页面中文字的字体、颜色、大小、间距、风格及位置。

● 表现与结构分离，可以与脚本语言相结合，使网页中的元素产生各种动态效果。

● 代码层次清楚，易于维护与改版。

● 缩减页面代码，提高页面浏览速度。

● 精确控制网页中各元素的位置，使结构清晰，容易被搜索引擎搜索到。

2. CSS 样式规则

想要熟练地运用 CSS 样式来修饰网页，首先需要熟悉 CSS 样式设置规则。CSS 样式设置规则由选择器和声明两部分组成。其语法如下：

```
选择器{属性1:属性值1;属性2:属性值2;…}
```

选择器是用来指明选取需要修改样式的网页元素，声明则用于定义样式属性及属性值，以"键值对"的形式出现，每个花括号里可以有一组或多组声明。属性与属性值之间用英文冒号"："连接，各组声明之间用英文的分号"；"进行分割。图 1-27 所示为 CSS 样式规则的结构示意图。

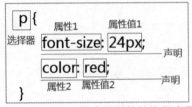

图 1-27　CSS 样式规则的结构示意图

图 1-27 中，p 为选择器，{ } 中的为声明部分，共两组声明，代表设置 p 标签中所有文字的字号为 24 px，颜色为红色。

在书写 CSS 样式时，除了要遵循 CSS 样式规则外，还要注意 CSS 代码的特点：

①CSS 样式中的选择器严格区分大小写，声明部分不区分大小写，建议统一采用小写。

②声明部分的最后一个分号可以省略，一般建议保留。

③在编写 CSS 代码时，为了提高代码的可读性和后期维护，可以使用注释。注释文字不会显示在页面中。在 CSS 代码中，其注释书写格式如下：

```
/*CSS 注释文本*/
```

④CSS 代码采用展开的方式进行书写，可以提高代码的可读性。对比下面的代码段 1 和代码段 2，代码段 2 展开方式书写的可读性更高。

代码 1：

```
p{font-size:24px; color:red;}
```

代码 2：

```
p{
    font-size:24px;
    color: red;
}
```

⑤属性值中的数字和单位不允许出现空格，否则，在浏览器解析时会出现错误。例如下面的代码在 24 与 px 之间出现了空格，代码是错误的。

```
p{font-size: 24 px; color:red;}
```

任务 1.6　引入 CSS 三种样式表及判断优先级别

学习目标

知识目标：掌握引入 CSS 样式常用的三种方式，以及它们各自使用的场合及利弊。

能力目标：能够熟练使用 CSS 样式常用的三种应用方式。

素养目标：培养学生的动手能力，培养学生关注细节、精益求精的精神。

建议学时

1 学时。

任务要求

CSS 功能强大，其实现的样式比 HTML 实现网页元素的样式更多，几乎能修饰所有的网页元素。现在 CSS 已经成为网页设计必不可少的工具之一。本任务将详细阐述样式表的三种应用方式。

①要求学生掌握和灵活运用 CSS 样式的三种引入方式。

②能够通过优先级判断网页的显示样式。

相关知识

1. 样式表的三种应用方式

要使用 CSS 样式来修饰网页，需要将 CSS 样式表引入 HTML 文档中，这里学习三种引入方式：行内式、内嵌式和链入式。

（1）行内式

行内式也称为内联样式，也称为行内样式表，使用标签的 style 属性来设置元素的样式，即直接在 HTML 的标签中加入样式规则。其适用于指定网页中的某一元素的样式，一般用于测试用途，效果仅可以控制该标签。其基本语法格式如下：

```
<标签名 style="属性1:属性值1;属性2:属性值2;属性3:属性值3;">内容</标签名>
```

注意：

- style 其实是标签的属性，也就是 HTML 标签的 style 属性。
- 在双引号之间，就是样式的声明部分，写法要符合 CSS 样式规则。
- 可以控制当前的标签设置样式。
- 由于书写烦琐，并且没有体现出结构与样式相分离的意思，所以不推荐大量使用。
- 只对当前元素添加简单样式的时候，可以考虑使用。

【示例1-7】通过一个简单案例认识行内式的引入方法。

```
<!DOCTYPE html>
<html>
    <head>
        <meta charset="utf-8"/>
        <title>行内式</title>
    </head>
    <body>
        <p style="color: red; font-size: 18px;">读万卷书,不如行万里路！</p>
        <p>读万卷书,不如行万里路！</p>
    </body>
</html>
```

网页运行效果如图 1 – 28 所示。第一个 < p > 标签使用了 style 属性设置行内样式，给文本添加文字为红色、字号为 18 px 的样式；第二个 < p > 标签没有添加任何样式效果。

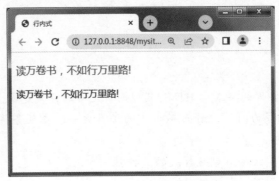

图 1 – 28　行内式引入方法效果

（2）内嵌式

内嵌式也称为内部样式表，是将所有 CSS 代码集中写在 HTML 文档的 < head > 标签中，并且用 < style > 标签定义，其基本语法格式如下：

```
< head >
    < meta charset = "utf – 8"/>
    < title > < /title >
    < style type = "text/css" >
        选择器{属性1:属性值1;属性2:属性值2;…}
    < /style >
< /head >
```

注意：

● < style > 标签理论上可以放在 HTML 文档的任何地方，但是一般会放在文档的 < head > ，位于 < title > 标签之后，这是因为浏览器解析代码是从上到下解析的，放在 < head > 标签内部，可以避免网页内容加载后没有样式修饰带来的尴尬。

● type 属性的属性值是"text/css"，告诉浏览器 < style > 标签内部是 CSS 代码。在一些宽松的语法格式中，type 属性可以省略。

● 通过此种方式，控制当前整个页面中该选择器选择的元素样式。

● 代码结构清晰，但并没有实现结构与样式完全分离。

● 如果只有一个页面，使用嵌入式比较方便，但是对于有多个页面的网站，则不建议。

【示例 1 – 8】通过一个简单案例认识内嵌式的引入方法。

```
< !DOCTYPE html >
< html >
    < head >
        < meta charset = "utf – 8"/>
        < title >嵌入式 < /title >
        < style type = "text/css" >
            p {
```

```
            font - family: "楷体";
            font - size: 18px;
            color: red;
        }
    </style>
  </head>
  <body>
      <p>黑发不知勤学早,白首方悔读书迟。——颜真卿</p>
  </body>
</html>
```

网页运行效果如图 1 – 29 所示。采用了内嵌式的方法引入 CSS 样式。<style>标签的内部就是 CSS 代码,通过标签选择器 p,选择<p>标签,修改标签内部的文字为楷体、18 px、红色。

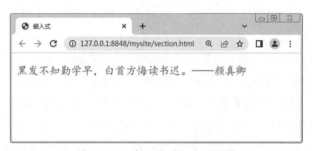

图 1 – 29　嵌入式引入方法效果

（3）链入式

链入式也称为外部样式表,是将所有的样式放在一个或多个以 . css 为扩展名的外部样式表文件中,再运用<link/>标签将外部样式表文件链接到 HTML 文档中,其基本语法格式如下:

```
<head>
    <meta charset = "utf - 8"/>
    <title></title>
    <link href = "外部样式表文件路径" rel = "stylesheet" type = "text/css"/>
</head>
```

注意:

- <link>标记一般位于<head>标记中、<title>标记之后。
- <link>标记必须指定三个属性,见表 1 – 6。

表 1 – 6　<link>标签的三个属性

属性	作用
href	表示所链接外部样式表文件的 URL。注意 CSS 文件路径引入正确

属性	作用
rel	表示当前文档与被链接文档之间的关系,指定为"stylesheet"。这里被链接的文档是一个样式表文件
type	表示所链接文档的类型。这里被链接的外部文件是一个 CSS 样式表,指定为"text/css"。有些宽松的语法格式中,type 属性可以省略

外部样式表的引入分为两步:

步骤 1:新建一个 .css 样式文件,把所有 CSS 代码都放入此文件中。如果网站使用了多个以 .css 为后缀名的样式文件,可以新建一个以 CSS 命名的文件夹,文件都放入该文件夹中,便于统一管理。

步骤 2:在 HTML 页面中使用 <link/ >标签引入这个文件。注意,CSS 文件引入的路径要填写正确。

通过一个案例来演示使用链入式的方法创建 CSS 样式表,具体步骤如下:

步骤 1:打开 HBuilder X 开发工具,选择"文件"→"新建"→"1. 项目",打开"新建项目"对话框,填写项目名称为 project(注意:项目名称可自定义),选择项目保存的地址。选择模板为基本 HTML 项目(包含 index. html 和 css、js、img 目录)。

步骤 2:打开 index. html 文档,在文档的 < title >标签中输入网页标题和创建一个 h2 标题,如下所示:

```
<!DOCTYPE html >
<html >
    <head >
        <meta charset = "utf - 8"/>
        <title >链入式引入 CSS 样式 </title >
    </head >
    <body >
        <h2 >头条信息头条信息头条信息头条信息头条信息信息头条信息信息头条信息 </h2 >
    </body >
</html >
```

步骤 3:保存 index. html 文档,然后创建 CSS 文件。选择左侧的 CSS 文件夹,单击鼠标右键,在弹出的下拉列表中选择"新建"→"7. css 文件",在弹出的"新建 css 文件"对话框中,将该文件命名为 index. css,并检查保存的路径是否在 CSS 文件夹中,单击"创建"按钮。

步骤 4:引入 CSS 文件,在 <head >头部标签中,输入 <link/ >语句,将 index. css 文件链接到 index. html 文档。注意,href 属性中要输入正确的 CSS 文件路径。

```
<link rel = "stylesheet" type = "text/css" href = "css/index.css"/>
```

步骤 5:打开 index. css 文件,输入以下代码,并保存。

```
h2 {
    font-size:35px;
    color: #004A96;
    text-align: center;
}
```

如果 <h2> 标题标签中的字体发生变化，则代表引入的外部样式正确；如果字体没有变化，请认真检查引入 CSS 文件的路径是否正确。最后网页显示效果如图 1-30 所示。

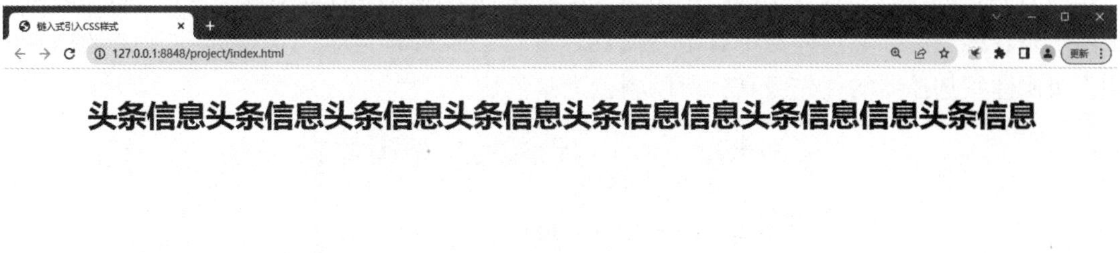

链入式引入CSS样式
127.0.0.1:8848/project/index.html
头条信息头条信息头条信息头条信息头条信息信息头条信息信息头条信息

图 1-30　链入式引入 CSS 样式效果

2. CSS 优先级别区分

CSS 是层叠样式表的简称，其基本特征包含层叠性和继承性。在相同选择器作用下，修改相同样式的时候，会发生样式的冲突；在不同选择器作用下，修改相同样式时，以哪个选择器修改的样式为准呢？这里就要学习 CSS 的优先级。

(1) 层叠性

所谓层叠性，就是多种 CSS 样式的叠加使用。在相同选择器作用下设置相同的样式，那么采用的样式是就近于作用元素的样式（就近原则）；在相同选择器作用下设置不同的样式，那么样式产生叠加；在不同选择器作用下设置相同的样式，那么取决于优先级。

【示例 1-9】 通过一个案例来认识 CSS 样式的层叠性。

```
<!DOCTYPE html>
<html>
    <head>
        <meta charset="utf-8"/>
        <title>层叠性</title>
        <style type="text/css">
            p {
              font-family: "楷体";
              font-size: 18px;
              color: red;
            }
            p {
               font-family: "微软雅黑";
            }
            .special {
               color: blue;
            }
```

```
      </style>
    </head>
    <body>
      <p class = "special">读书之法,在循序渐进,熟读而精思。  ——朱熹</p>
    </body>
</html>
```

网页运行效果如图 1 – 31 所示。网页文本显示的效果是 18 px、微软雅黑和蓝色。在两个相同的标签选择器中设置相同的字体属性,运行后字体采用的是就近于 < p > 标签的微软雅黑。只有第一个标签选择器中有字号属性,进行了样式的叠加。. special 这个类选择器的优先级比标签选择器的优先级高,所以颜色为蓝色。

图 1 – 31　层叠性显示效果图

（2）继承性

继承性是指子级元素会继承父级元素的某些样式。有了继承性,有时候可以直接设置父级元素的样式,通过继承性作用于子级元素,比如字体颜色、字体、字号、字体粗细、字体风格等字体属性、"text –"开头的文本外观属性及行高等。但是不是所有的样式都可以继承,比如边框属性、内外边距属性、背景属性、定位属性、布局属性、元素的高和宽属性等。恰当地使用继承性可以简化代码,降低 CSS 样式的复杂性。如果要设置整个网页的字体样式为"宋体",字号大小为 18 px,字体颜色为 black,那么直接设置 body 的样式就可以了,不需要单独找到每行文本来设置。

```
body {
    font - family: "宋体";
    font - size: 18px;
    color: black;
}
```

（3）优先级

通过不同的选择器作用于同一个元素的时候,整个元素呈现的样式需要通过样式的优先级来判断。对于常规选择器,它们都拥有一个优先级权重值,说明如下。

● 标签选择器:优先级权重为 1。

● 伪元素或伪对象选择器:优先级权重值为 1。

● 类选择器:优先级权重值为 10。

- 属性选择器：优先级权重值为 10。
- ID 选择器：优先级权重值为 100。
- 通配符选择器或继承性：优先级权重值为 0。
- CSS 定义了一个 ! important 命令，该命令被赋予最大的优先级。

CSS 根据样式的远近关系来决定最终的优先级：在同等条件下，距离作用对象的距离越近，就越有较大的优先权，因而行内样式大于内部样式和外部样式。

多个基础选择器构成的复合选择器（除并集选择器外），其权重值为这些基础选择器的权重值的叠加。

通过一个例子来认识优先级，对应的 HTML 结构代码为：

```
< div class = "father" id = "box" >
    < p class = "son" id = "font" style = "color: coral;" >为中华之崛起而读书。——周
恩来 </p >
</div >
```

这里采用内嵌式，引入 CSS 样式代码，代码如下：

```
p {color: red;} /* 权重为 1 */
div {color: green;} /* 继承性权重为 0 */
div .son {color: blue;} /* 权重为 1 + 10 */
.father .son {color: pink;} /* 权重为 10 + 10 */
#box p {color: gold;} /* 权重为 100 + 1 */
#box .son {color: yellow;} /* 权重为 100 + 10 */
#box #font {color: orange;} /* 权重为 100 + 100 */
p {color: skyblue ! important;}
```

上面代码优先级最高的是 ! important 的样式，文本最终显示的颜色为天空蓝。优先级排第二的是采用行内样式书写的样式。其他的都是通过计算得出的权重，谁的权重大，优先级就越大。如果出现权重相同的情况，样式就取决于距离作用的样式比较近的样式。

要注意特殊情况，比如 11 个 < div > 标签嵌套在一起，然后使用 11 个标签选择修改样式，通过计算后，权重为 11 个 1，但是权重不超过一个类选择器的权重 10，如示例 1 – 10。

【示例 1 – 10】优先级的特殊情况。

```
<! DOCTYPE html >
< html >
    < head >
        < meta charset = "utf - 8" >
        < title > </title >
        < style type = "text/css" >
            div div div div div div div div div div div {
                color: blue;
            }
            .effort {
                color: red;
```

```
            }
        </style>
    </head>
    <body>
        <div><div><div><div><div><div><div></div><div><div><div
class="effort">
            终有疾风起,人生不言弃!
        </div></div></div></div></div></div></div></div></div>
    </body>
</html>
```

最后的运行结果显示的是类选择器的样式,即文本变为红色,如图 1-32 所示。即权重叠加后的权重不会超过上一级的权重。

图 1-32   优先级的特殊情况效果图

任务 1.7   制作文本类综合网页

学习目标

知识目标:掌握常用 CSS 的文本属性及属性值含义。

能力目标:掌握并熟练运用 CSS 文本属性。

素养目标:增强学生的专注性,培养学生自主学习和查阅资料的能力。

建议学时

2 学时。

任务要求

学习 HTML 时,常常采用文本样式标签及其属性来修饰文本的显示样式,但是这样的方式比较烦琐,不利于代码的维护。CSS 提供了相应的文本属性,使用 CSS 可以有效地控制本文样式和外观,也利于代码的后期维护。本任务将详细讲述常用的 CSS 文本属性。

能够说出 CSS 字体样式属性及语法。

能够说出 CSS 文本外观属性及语法。

相关知识

1. CSS 字体样式属性

为了使页面的文本有层次,CSS 提供了一系列字体属性,有字体、字号大小及字体粗体、字体风格等，见表1-7。

表1-7 CSS 字体属性

字体属性	说明
font - family	表示字体
font - size	表示字体大小
font - weight	表示字体粗细
font - style	表示字体风格
font	表示字体复合属性
@font - face	使用 Web 字体

（1）font - family 属性

font - family 属性用来表示文本的字体，如微软雅黑、宋体、楷体、黑体、仿宋等。基本语法规则如下：

```
font - family:字体1,字体2,…;
```

使用 font - family 属性修饰字体时，主要注意：

● 可设置一种字体，也可设置多种字体，但多种字体之间用逗号“,”分隔，按从左到右依次检测是否安装字体，如字体1安装，则使用字体1，依此类推。如果设置的字体都没有，则使用系统默认已安装的字体。

● 尽量使用系统默认字体，确保设置的字体能在任何浏览器上正常显示。

● 如果有空格隔开的多个英语单词组合构成的字体，外面要加单引号或双引号。中文字体也要加英文状态下的单引号或双引号。

● 当需要设置英文字体时，英文字体名必须位于中文字体名之前，如下面的代码：

```
body{ font - family: Arial, "Microsoft Yahei", "楷体","黑体"; font - size: 20px; }
```

（2）font - size 属性

font - size 属性用来表示文本的字体大小。该属性值可以使用长度单位、百分比、相对大小、绝对大小。基本语法规则如下：

```
font - size:长度|百分比|相对大小|绝对大小;
```

其属性值描述见表1-8。

表1-8 font - size 属性值描述

字体属性	说明
长度单位	相对长度单位：em（字符等宽的倍数）、px（像素，最常用，推荐使用）
	绝对单位：in（英寸）、cm（厘米）、mm（毫米）、pt（点）

续表

字体属性	说明
百分比	百分比是相对于其父级元素字体大小的百分比
相对大小	表示相对于父对象中字体大小进行调整，一般值为 smaller 和 larger
绝对大小	一般取值为 xx-small（最小）、x-small（较小）、small（小）、medium（正常）、large（大）、x-larger（较大）、xx-large（最大），字体在逐级变大

【示例 1-11】认识字体和字体大小的设置。

```
<!DOCTYPE html>
<html lang = "en">
    <head>
        <meta charset = "utf-8">
        <title>CSS 修饰文本字体</title>
        <style type = "text/css">
            .one{ font-family: "Microsoft Yahei", "楷体","黑体"; font-size:
20px; }
        </style>
    </head>
    <body>
        <p class = "one">书山有路勤为径,学海无涯苦作舟。</p>
    </body>
</html>
```

网页运行效果如图 1-33 所示。<p>标签中的文本字体为微软雅黑，字体大小为 20 px。

图 1-33　设置字体和字号效果

（3）font-weight 属性

font-weight 属性用来表示文本字体粗细。

其基本语法规格如下：

```
font-weigh:normal |bold |bolder |lighter |100~900
```

其属性值描述见表 1-9。

表 1 – 9　font – weight 属性值描述

字体属性	说明
normal	表示标准粗细，默认值
bold	表示粗体字体
bolder	表示加粗字体
lighter	表示字体比正常粗细要细
100 ~ 900（100 的整数倍）	表示字体由细到粗，有 9 个层次，数字越大越粗

实际开发中，最常用的 font – size 的属性值是 400（相当于 normal）和 700（相当于 bold）。

（4）font – style 属性

font – style 属性用来表示文本字体风格，如设置斜体或正常字体。

其基本语法规格如下：

```
font – style:normal |italic |oblique;
```

其属性值描述见表 1 – 10。

表 1 – 10　font – style 属性值描述

字体属性	说明
normal	表示标准字体样式，默认值
italic	表示字体样式为斜体，显示为斜体效果
oblique	表示倾斜的字体，显示为斜体效果

实际应用中，使用 italic 和 oblique 后显示的字体为斜体，但是 italic 使用了字体本身的斜体属性，oblique 让没有斜体属性的字体做倾斜处理，在工作中常用 italic 修饰字体的斜体。

【示例 1 – 12】认识字体粗细与字体样式的设置。

```
<!DOCTYPE html >
<html >
    <head >
        <meta charset = "utf –8 " >
        <title >字体粗细与字体样式 </title >
        <style >
            .bold {font –weight: 700;}
            .italic {font –style: italic;}
            .oblique {font –style: oblique;}
        </style >
    </head >
    <body >
```

```
        <p>不向前走,不知路远。不努力学习,不明白真理</p>
        <p class = "bold">不吃饭则饥,不读书则愚! </p>
        <p class = "italic">读一书,增一智。</p>
        <p class = "oblique">乘风破浪会有时,直挂云帆济沧海! </p>
    </body>
</html>
```

网页运行效果如图 1 – 34 所示。第一行文字为正常显示的字体, 第二行字体设置加粗效果, 第三行和第四行呈现倾斜效果, 可见, italic 和 oblique 修饰文本后, 显示的效果一样。

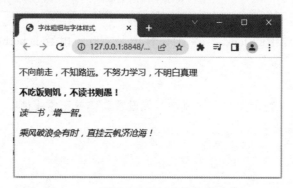

图 1 – 34　设置字体粗细和字体样式效果

（5）font 复合属性

font 属性用来同时设置文本字体多个属性值, 使用 font 复合属性可简化代码。

其基本语法规格如下:

```
选择器{font: font - style font - variant font - weight font - size/line - height font - family;}
```

使用 font 属性时, 应注意以下两点:

● 必须按照语法规则顺序书写, 各属性值之间必须使用空格隔开。

● 不需要设置的属性可以省略, 但 font – size 和 font – family 属性不可省略, 否则 font 没有效果。

【示例 1 – 13】 认识 font 复合属性设置。

```
<!DOCTYPE html>
<html>
    <head>
        <meta charset = "utf -8">
        <title>font 复合属性</title>
        <style type = "text/css">
            .example{font: italic bold 24px/30px "楷体"}
        </style>
    </head>
    <body>
```

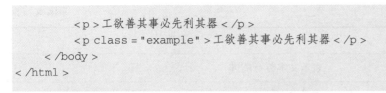

```
        <p>工欲善其事必先利其器</p>
        <p class="example">工欲善其事必先利其器</p>
    </body>
</html>
```

网页运行效果如图 1 – 35 所示。第一行没有设置样式，正常显示，第二行通过 font 复合属性设置为斜体、加粗、字号 24 px、行高 30 px 和字体为楷体。

图 1 – 35　font 复合属性设置效果

（6）@ font – face 规则

@ font – face 是一个 CSS3 的新增规则，允许开发者将本地计算机未安装的字体使用在网页上，即用户可以把自己定义的 Web 字体嵌入网页中。基本语法格式如下：

```
@font-face{
    font-family:字体名称;
    src:字体路径;
}
```

上面的语法格式中，font – family 的属性值"字体名称"可以自定义；src 属性用于设置字体文件的路径。在使用 Web 字体时，首先需要下载字体并保存在项目文件夹中，然后通过上面的语法格式将该字体引入网页中，最后可以像使用本地字体一样使用该字体，但是注意字体名称要与语法格式定义的字体名称一致。注意，并非所有的浏览器都支持@ font – face，支持的有 Firefox、Opera、Chrome、Safari、IE9 等。

2. CSS 文本外观属性

CSS 提供了一系列文本外观样式属性，这里介绍比较常用的一些文本外观样式属性，见表 1 – 11。

表 1 – 11　CSS 文本外观属性

字体属性	说明
color	表示文本的颜色
text – align	表示文本水平对齐方式

字体属性	说明
text – indent	表示文本首行缩进
text – transform	表示文本英文字母大小写转换
text – decoration	表示文本装饰
line – height	表示文本行高
text – shadow	表示文本阴影效果

（1）color：文本颜色

color 属性用于修改文本的颜色，其属性值取值方式有 3 种。基本语法规则如下：

```
color:red/#FF0000/rgb(255,0,0)
```

• 颜色值，如 red、blue、green、pink 等。

• 十六进制，如#FF0000、#CCCCCC、#ED3628 等。实际工作中，这是最常用的定义颜色的方式。有的颜色也可以缩写，例如，#FF6600 可缩写为#F60，#FF000 可缩写为#F00。

• rgb 颜色，可以是 0 ~ 255 的数字或百分比。如白色 rgb（255，255，255）或 rgb（100%，100%，100%）。

（2）text – align：水平对齐方式

text – align 属性用于修改文本内容的水平对齐方式，类似于 html 标签中的 align 属性。text – align 的属性值见表 1 – 12。基本语法规则如下：

```
text – align:left | right | center |
```

表 1 – 12   text – align 属性值

属性值	说明
left	内容左对齐（默认值）
right	内容右对齐
center	内容居中对齐

【示例 1 – 14】使用 text – align 属性设置文本的水平对齐方式。

```
<!DOCTYPE html >
<html >
    <head >
        <meta charset = "utf -8" >
```

```
        <title>文本水平对齐方式</title>
        <style type="text/css">
            h4{text-align:center;}
            .p1{text-align:left; }
            .p2,.p4{text-align:center; }
            .p3{text-align:right; }
        </style>
    </head>
    <body>
        <h4>《金缕衣》</h4>
        <p class="p1">劝君莫惜金缕衣,</p>
        <p class="p2">劝君惜取少年时。</p>
        <p class="p3">有花堪折直须折,</p>
        <p class="p4">莫待无花空折枝。</p>
    </body>
</html>
```

网页运行效果如图 1-36 所示。第一行标题设置居中对齐,第二行段落设置左对齐,第三行段落设置居中对齐,第四行设置右对齐,第五行设置居中对齐。第二行和第四行采用了并集选择器,设置了相同的样式,为居中对齐。

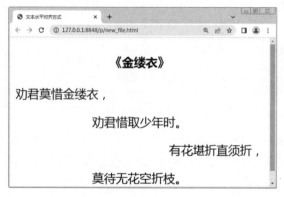

图 1-36 **text-align** 设置水平对齐方式

（3）text-indent：首行缩进

text-indent 属性用于修改文本首行缩进的距离。其属性值可以为不同的单位的数值、相对于浏览器窗口宽度的百分比,也可以使用 em（字符宽度的倍数）作为单位,允许使用负值。

基本语法规则如下：

```
text-indent:长度值|百分比|em
```

【示例 1-15】使用 text-indent 属性设置文本的首行缩进方式。

```
<!DOCTYPE html>
<html>
    <head>
        <meta charset="utf-8">
```

```
        <title>文本首行缩进</title>
        <style type="text/css">
             .p1{text-indent:2em;}
        </style>
  </head>
  <body>
        <p class="p1">失败往往是黎明前的黑暗,继之而出现的就是成功的朝霞。</p>
        <p>时间如流水,不知合理利用,剩下的只有后悔。</p>
  </body>
</html>
```

网页运行效果如图 1 - 37 所示,第一行设置了首行缩进 2 个 em,无论该行字体设置多大,首行文本都只会缩进 2 个汉字的宽度。第二行没有设置其他样式。

图 1 - 37　text - indent 设置首行缩进

（4）text - transform：文本大小写转换

text - transform 属性用于修改文本中的英文字母大小写转换。text - transform 的属性值见表 1 - 13。基本语法规则如下：

```
text - transform:none|capitalize|lowercase|uppercase
```

表 1 - 13　text - transform 属性值

属性值	说明
none	表示无转换，正常显示，默认值
capitalize	表示每个单词的首字母大写
lowercase	表示单词每个字母转换成小写
uppercase	表示单词每个字母转换成大写

【示例 1 - 16】使用 text - transform 属性设置文本中的英文单词大小写转换。

```
<!DOCTYPE html>
<html>
    <head>
        <meta charset="utf-8">
        <title>文本英文大小写转换</title>
        <style type="text/css">
            .p1{text-transform:capitalize;}
            .p2{text-transform:lowercase;}
            .p3{text-transform:uppercase;}
        </style>
    </head>
    <body>
        <p>原文:HTML5(HyperText Markup Language 5)</p>
        <p class="p1">首字母大写:HyperText Markup Language 5</p>
        <p class="p2">小写:HyperText Markup Language 5</p>
        <p class="p3">大写:HyperText Markup Language 5</p>
    </body>
</html>
```

网页运行效果如图 1-38 所示。第一行段落未设置任何样式，第二行设置首字母全部变为大写，第三行设置全部变为小写字母，第四行设置全部变为大写字母。

图 1-38 文本英文大小写转换

（5）text-decoration：文本装饰

text-decoration 属性用于修改文本装饰效果，比如设置给文本加下划线、上划线、删除线等装饰效果。text-decoration 的属性值见表 1-14。基本语法规则如下：

```
text-decoration:none|underline|overline|line-through
```

表 1-14 text-decoration 属性值

属性值	说明
none	无效果，正常显示，默认值
underline	给文本添加下划线
overline	给文本添加上划线
line-through	给文本添加删除线

注意：text – decoration 后面可以同时设置多个属性，如给文本既添加下划线效果，又添加删除线效果，则可以在 text – decoration 后面设置 underline 和 line – through 两个属性值，中间用空格隔开。

【示例 1 – 17】使用 text – decoration 属性设置文本修饰效果。

```
<!DOCTYPE html >
<html >
    <head >
        <meta charset = "utf - 8" >
        <title >文本装饰效果 </title >
        <style type = "text/css" >
            body{text - align:center;}
            .p1{text - decoration:overline; }
            .p2{text - decoration:underline; }
            .p3{text - decoration:line - through; }
            .p4{text - decoration:overline line - through underline; }
        </style >
    </head >
    <body >
        <h3 >《暮江吟》</h3 >
        <p >白居易 </p >
        <p class = "p1" >一道残阳铺水中, </p >
        <p class = "p2" >半江瑟瑟半江红。</p >
        <p class = "p3" >可怜九月初三夜, </p >
        <p class = "p4" >露似真珠月似弓。</p >
    </body >
</html >
```

网页显示效果如图 1 – 39 所示。通过标签选择器 body 将整个页面的文本设置为水平居中效果，第一、二行未设置其他效果，第三行添加上划线效果，第四行添加下划线效果，第五行添加删除线效果，第六行添加了上划线、删除线和下划线三种效果。

图 1 – 39　文本装饰效果

（6）line – height：文本行高

line – height 属性是用来修饰文本行高，也称行间距或行高，指的是行与行之间的距离，即字符的垂直间距。line – height 的属性值见表 1 – 15。基本语法规则如下：

```
line - height:长度值 | 百分比 | 数值
```

表 1 – 15　line – height 属性值

属性值	说明
长度值	一般单位用 px，不允许为负值。如 32 px
百分比	150% 表示 1.5 倍行距
数值	表示用乘积因子，不允许为负值。如 line – height：3，相当于 3 倍行距

注意，设置百分比和数值两种属性值时，可以通过字体大小乘以百分比或数值计算出文本的行高。

【示例 1 – 18】 使用 line – height 属性设置文本行高。

```
<!DOCTYPE html >
<html >
    <head >
        <meta charset = "utf - 8" >
        <title >设置文本行高效果 </title >
        <style type = "text/css" >
            .p1{line - height:20px; }
            .p2{line - height:120% ; }
            .p3{line - height:1.5; }
        </style >
    </head >
    <body >
        <p class = "p1" >青,取之于蓝而青于蓝;冰,水为之而寒于水。 </p >
        <p class = "p2" >人不能只有一双美丽的眼睛,应该拥有一双智慧的眼光。 </p >
        <p class = "p3" >困难像弹簧,你弱它就强,你强它就弱。 </p >
    </body >
</html >
```

网页显示效果如图 1 – 40 所示。第一行的行高设置为 20 px；第二行的行高设置为 120%，由于谷歌浏览器的默认字号为 16 px，通过计算，第二行的行高为 16 px × 120% = 19.2 px；第三行设置为 1.5，通过计算，第三行的行高为 16 px × 1.5 = 24 px。

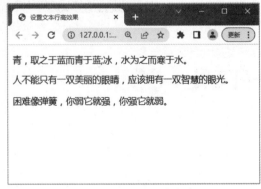

图 1 – 40　设置文本行高

（7）text - shadow：阴影效果

text - shadow 属性用于修饰文本阴影效果，这是 CSS3 新增属性。text - shadow 属性值见表 1 - 16。基本语法规则如下：

```
text - shadow:h - shadow v - shadow blur color;
```

表 1 - 16　text - shadow 属性值

属性值	说明
h - shadow	表示水平方向的阴影距离，参数允许负数
v - shadow	表示垂直方向的阴影距离，参数允许负数
blur	表示模糊半径，参数只能为正数，数值越大，阴影向外模糊的范围也越大
color	表示阴影的颜色

【示例 1 - 19】使用 text - shadow 属性修饰文本阴影效果。

```
<!DOCTYPE html >
<html >
    <head >
        <meta charset = "utf - 8" >
        <title >修饰文本阴影 </title >
        <style type = "text/css" >
            p{font - size:50px;text - shadow:3px 3px 3px red;}
        </style >
    </head >
    <body >
        <p >HTML + CSS </p >
    </body >
</html >
```

网页运行效果如图 1 - 41 所示。通过 text - shadow 属性为文本添加了阴影效果，设置阴影的水平偏移距离和垂直偏移距离分别为 3 px，模糊半径为 3 px，阴影颜色为红色。

图 1 - 41　修饰文本阴影效果

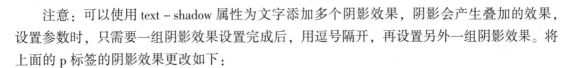

注意：可以使用 text – shadow 属性为文字添加多个阴影效果，阴影会产生叠加的效果，设置参数时，只需要一组阴影效果设置完成后，用逗号隔开，再设置另外一组阴影效果。将上面的 p 标签的阴影效果更改如下：

```
text – shadow:3px 3px 3px red,5px 5px 3px blue;
```

在上面代码中，为文本添加了红色阴影和蓝色阴影，并设置了相应的阴影位置和模糊半径。

综合案例——文本类网页

学习目标

知识目标：掌握文本类网页的制作过程。

能力目标：熟练运用本项目所学知识制作文本类网页。

素养目标：培养学生的动手能力、自主学习和查阅资料的能力，以及团结协作的精神。

建议学时

2 学时。

任务要求

网站中文本类网页比较常见于新闻报道。新闻页面的及时更新，可以让员工、外界更好地了解企业的动态，及时宣传企业的品牌，提升企业形象。因此，在实际的项目开发中需要学会制作文本类网页，如图 1 – 42 所示为"江西机电职业技术学院"的学校新闻页面，请参考图中样式，利用所学知识进行网页制作。

微视频 1 – 2

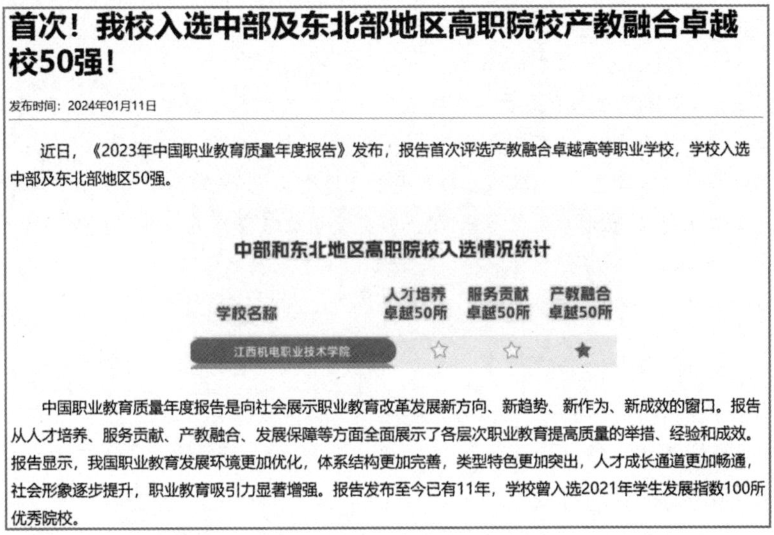

图 1 –42　学校新闻页面

任务实施

步骤 1：分析网页结构

从效果图中可以看出，网页整体为第一、二行标题，第三行报道时间，一条水平分割线，第四、五行为正文，第六行插入图片，第七至十一行为正文。依据企业实际项目开发，采用结构和样式分离，即 CSS 样式采用链入式。

步骤 2：新建 HTML 文件

利用编码软件新建一个 HTML 文件和 CSS 文件，通过 < link / > 标签建立两个文件的联系，即链入式（详见本章知识点 6）。

步骤 3：使用 HTML 标签来建立搭建网页结构

根据步骤 1 中分析结果，向 < body > < /body > 标签中添加指定标签，核心代码如下所示：

```
<!DOCTYPE html >
<html >
    <head >
        <meta charset = "utf - 8" />
        <title >文本类网页 < /title >
        <link rel = "stylesheet" href = "css/index.css" >
    < /head >
    <body >
        <div class = "section" >
            <h1 >首次！我校入选中部及东北部地区高职院校产教融合卓越校 50 强！ < /h1 >
            <div >发布时间:2024 年 01 月 11 日 < /div >
            <hr >
            <p >近日,《2023 年中国职业教育质量年度报告》发布,报告首次评选产教融合卓越高等
职业学校,学校入选中部及东北部地区 50 强。 < /p >
            <p > < img src = "img/pic.png" /> < /p >
            <p >中国职业教育质量年度报告是向社会展示职业教育改革发展新方向、新趋势、新作
为、新成效的窗口。报告从人才培养、服务贡献、产教融合、发展保障等方面全面展示了各层次职业教育提高
质量的举措、经验和成效。报告显示,我国职业教育发展环境更加优化,体系结构更加完善,类型特色更加突
出,人才成长通道更加畅通,社会形象逐步提升,职业教育吸引力显著增强。报告发布至今已有 11 年,学校
曾入选 2021 年学生发展指数 100 所优秀院校。 < /p >
        < /div >
    < /body >
< /html >
```

网页运行效果如图 1 - 43 所示。

步骤 4：实现网页布局与样式

根据图 1 - 42 的效果图，设置网页布局与样式，核心 CSS 代码如下：

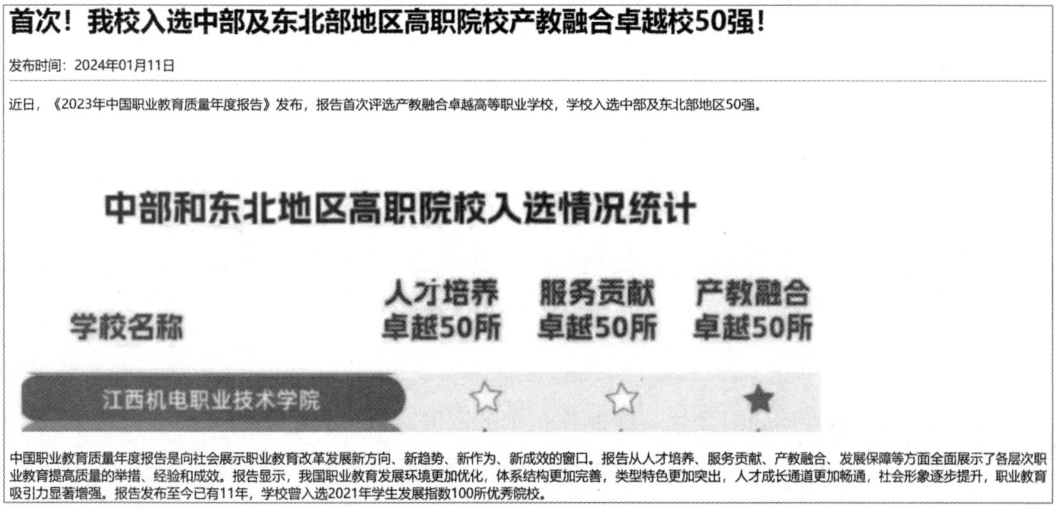

首次！我校入选中部及东北部地区高职院校产教融合卓越校50强！

发布时间：2024年01月11日

近日，《2023年中国职业教育质量年度报告》发布，报告首次评选产教融合卓越高等职业学校，学校入选中部及东北部地区50强。

中部和东北地区高职院校入选情况统计

学校名称	人才培养 卓越50所	服务贡献 卓越50所	产教融合 卓越50所
江西机电职业技术学院	☆	☆	★

中国职业教育质量年度报告是向社会展示职业教育改革发展新方向、新趋势、新作为、新成效的窗口。报告从人才培养、服务贡献、产教融合、发展保障等方面全面展示了各层次职业教育提高质量的举措、经验和成效。报告显示，我国职业教育发展环境更加优化，体系结构更加完善，类型特色更加突出，人才成长通道更加畅通，社会形象逐步提升，职业教育吸引力显著增强。报告发布至今已有11年，学校曾入选2021年学生发展指数100所优秀院校。

图 1-43　HTML 结构页面效果

```
body {
    background - color:#ccc;
    color: #000;
    font - family: "微软雅黑";
}
.section {
    width: 1185px;
    background - color: #fff;
    margin: 0 auto;
    padding: 82px 75px 102px;
    box - sizing: border - box;
}
.section h1 {
    font - size: 40px;
    line - height: 1.2;
    font - weight: 700;
}
.section div {
    font - size: 16px;
    line - height: 1.2;
    color: #000;
}
.section img {
    width: 600px;
}
.section p {
    font - size: 21px;
    line - height: 1.75;
    text - indent: 2em;
}
```

最后，修改图像的居中对齐效果，这里采用在 <img> 图像标签外面放一个 <p> 段落标签，通过给 <p> 段落标签设置水平对齐方式达到图片居中对齐的效果。由于只有一张图片需要修改水平对齐方式，可使用行内式，在 <p> 标签内部直接设置居中对齐的样式，具体代码如下：

```
<p style = "text-align: center;" > <img src = "img/pic.png" /> </p>
```

注意：上述代码中涉及选择器的使用，详见项目二的任务 2.3CSS 选择器。涉及的图像标签详见下面的知识拓展。

知识拓展——图像标签

图像是网页上最常用的对象之一，制作精美的图像可以大大增强网页的视觉效果，令网页更加生动多彩。在网页中使用图片的原则：在保证画质的前提下尽可能使图片的数据量小一些，这样有利于用户快速浏览网页。因此，网页设计的关键之一就是利用好图像。

网页中插入图片用单标签 <img/>，它是行内块元素。当浏览器读取到 <img/> 标签时，就会显示此标签所设定的图像。

图像标签的使用格式为：

```
<img src = "图像文件的地址" alt = "图片说明" width = "值" height = "值" />
```

用于描述图像文件的地址及特征，具体的属性名和属性值见表 1-17。

表 1-17　　<img/>标签的属性

属性	意义
src	图像文件的地址
alt	图像的替代文字，当图像不能正常显示时，将显示此文字
title	图像上的显示文字，鼠标悬停在图像上出现的文字
width	图像的显示宽度
height	图像的显示高度
border	设置图片边框的宽度
vspace	调整图像和文字之间的上下距离
hspace	调整图片和文字之间的左右距离

- 图片源文件属性——src

此参数用来设置图像文件所在的路径，这一路径可以是绝对路径，也可以是相对路径。

绝对路径：就是主页上的文件或目录在硬盘上的真正路径。使用绝对路径定位链接目标文件比较清晰，但是有两个缺点：一是需要输入更多的内容，二是如果该文件被移动了，就需要重新设置所有的相关链接。

相对路径：顾名思义就是图片相对于目标位置，上一级目录中的文件，在目录名和文件名之前加入"../"；如果是上两级，则需要加入两个"../../"，如表 1-18 所示。

表 1-18　相对路径

相对路径名	含义
src = "photo. jpg"	photo. jpg 是本地当前路径下的文件
src = "img/photo. jpg"	photo. jpg 是本地当前路径下名为"img"子目录下的文件
src = "../photo. jpg"	photo. jpg 是本地当前目录的上一级子目录下的文件
src = "../../photo. jpg"	photo. jpg 是本地当前目录的上两级子目录下的文件

- 图片说明属性——alt

此参数用来设置当图像没有装载到浏览器上时，就会显示添加的提示文字。

- 图片说明属性——title

此参数用来设置当鼠标悬停在图像上，就会显示的文字。

- 图片高度属性——height

此参数用来设置图片显示的高度，默认情况下，改变高度的同时，其宽度也会等比例进行调整，图像的高度单位是像素。

- 图片宽度属性——width

图像的宽度单位是像素。如果在使用属性的过程中，只设置了高度或宽度，则另外一个参数会等比例变化。如果同时设置两个属性，且缩放比例不同的情况下，图像很可能会变形。所以，一般来说，可以只设置其中一个属性，两个属性不是必要的，可以用 CSS 样式定义。

- 图片边框属性——border

此参数用来设置图片边框的宽度，默认情况下，图片没有边框，边框的单位是像素，颜色为黑色，不建议使用此属性，可用 CSS 进行丰富的边框样式。

- 图片垂直与水平边距属性——vspace/hspace

图片与文字之间的距离是可以调整的，vspace 用来调整图像和文字之间的上下距离，hspace 属性用来调整图片和文字之间的水平距离。这样可以有效地避免网页上的文字图片过于拥挤，其单位默认为像素，不建议使用，可用 CSS 样式进行定义。

项目二

列表类网页制作

项目导读

列表是信息资源的一种展示形式，将具有相似特性或某种顺序的文本进行有规则的排列，可以使信息结构化和条理化，并以列表的样式显示出来，是一种简单且实用的段落排列方式。网页中经常会出现一组逻辑上相关而且级别相同的段落，描述一个事物的不同方面或一件事情的几个步骤。使用列表来组织这些项目，可以使网页的结构更加清晰，易于阅读，帮助访问者方便地找到消息，并引起访问者对重要消息的注意。CSS 选择器常和列表元素搭配使用，美化列表类网页，常见的列表类网页有新闻列表、排行榜、账单等。

学习目标

- 掌握列表图文页常用标签：< ul >、< ol >、< li >、< dl >、< dt >、< dd >、< div >、< span >。
- 掌握 CSS 选择器的类型及各自定义语法的规则。
- 掌握 CSS 选择器的权重设置。
- 掌握 CSS 中列表的属性及属性值含义。

职业能力要求

- 熟练掌握网页设计的相关软件。
- 熟悉文本段落相关标签。
- 了解 CSS 基础语法。
- 具有一定的创新能力，具备较强的理解力和领悟力。

项目实施

本项目包括列表类网页中的列表常用标签、容器标签、多媒体资源插入常用标签、CSS 选择器、CSS 列表属性。通过对各类标签的详解以及案例引入与实现，了解列表类网页制作相关标签的用法，通过巩固提升任务，最终完成一个完整的列表类网页的设计与制作。

任务 2.1 运用列表标签制作页面

学习目标

知识目标：掌握列表图文页常用标签及其用法。

能力目标：结合实际项目中网页所需呈现的效果对所学标签加以运用。

素养目标：具有规范操作意识，能正确使用标签。

建议学时

2 学时。

任务要求

当前流行的网页制作中，列表元素处于非常重要的地位。常见的菜单导航、图文混排、新闻列表布局等，都是采用列表元素作为基础结构而创建的。本任务主要从列表的基本概念着手，介绍列表常用的标签，希望通过本任务的学习，能灵活运用列表元素。

相关知识

1. 有序列表标签

有序列表：包含一组需要强调先后顺序的项目，如旅行社某天的日程。有序列表使用编号来列举项目，有序列表标签为 < ol > </ol >，"ol"是"order list"的缩写，它包含的列表项目使用 < li > </li > 创建。定义有序列表的基本语法格式为：

```
< ol >
    < li > 列表项1 </li >
    < li > 列表项2 </li >
    < li > 列表项3 </li >
    ……
</ol >
```

在上面的语法中，< ol > </ol > 标签用于定义有序列表，< li > </li > 为具体的列表项。每对 < ol > </ol > 中也至少应包含一对 < li > </li >。

【示例 2 –1】有序列表标签。

```
<!DOCTYPE html >
<html >
    <head >
        <meta charset = "utf -8" >
        <title >有序列表 </title >
    </head >
    <body >
        大学的课程分为：
        < ol >
            < li >基础课 </li >
```

```
            <li>专业课</li>
            <li>选修课</li>
        </ol>
    </body>
</html>
```

实现效果如图 2 - 1 所示。

图 2 - 1　有序列表

- 有序列表的类型

在默认情况下，有序列表的序号是数字。可以通过 <ol> 标签的 type 属性来改变序号的类型，其格式如下：<ol type = "符号类型" > ，符号的类型可以是数字（type = "1" ）、英文大写字母（type = "A" ）、英文小写字母（type = "a" ）、大写罗马数字（type = "l" ）、小写罗马数字（type = "i" ）。

【示例 2 - 2】用 type 属性改变序号的类型。

```
<!DOCTYPE html>
<html>
    <head>
        <meta charset = "utf - 8">
        <title>有序列表</title>
    </head>
    <body>
        大学的课程分为：
        <ol type = "a">
            <li>基础课</li>
            <li>专业课</li>
            <li>选修课</li>
        </ol>
    </body>
</html>
```

实现效果如图 2 - 2 所示。

2. 无序列表标签

无序列表：包含一组不需要强调先后顺序的项目，如课程体系包含的若干科目。<ul> 用于标记无序列表，在每段文字之前，以项目符号作为每条列表项的前缀。<ul> 和 </ul> 标签表示无序列表的开始和结束，每个具体列表项用 <li> 和 </li> 括起来。定义无序列表的基本语法格式为：

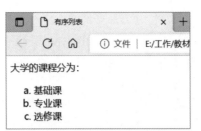

图 2-2　用 type 属性改变序号的类型

```
<ul >
    <li >列表项 1 </li >
    <li >列表项 2 </li >
    <li >列表项 3 </li >
    ......
</ul >
```

在上面的语法中，<ul > </ul >标签用于定义无序列表，<li > </li >标签嵌套在 <ul > </ul >标签中，用于描述具体的列表项。每对 <ul > </ul >中至少应包含一对 <li > </li >。

【示例 2-3】无序列表。

```
<! DOCTYPE html >
<html >
    <head >
        <meta charset = "utf-8" >
        <title >无序列表 </title >
    </head >
    <body >
        <p >计算机由 5 部分组成 </p >
        <ul >
            <li >输入设备 </li >
            <li >运算器 </li >
            <li >控制器 </li >
            <li >存储器 </li >
            <li >输出设备 </li >
        </ul >
    </body >
</html >
```

实现效果如图 2-3 所示。

图 2-3　无序列表

- 无序列表的类型

无序列表前面的符号可以通过 < ul > 标签的 type 属性来改变。符号类型包括空心圆（circle）、实心圆（disc）、方块（square）等。

【示例 2 - 4】空心圆符号的无序列表。

```
<!DOCTYPE html >
<html >
    <head >
        <meta charset = "utf - 8" >
        <title >无序列表 </title >
    </head >
    <body >
        <p >计算机由 5 部分组成 </p >
        <ul type = "circle" >
        <li >输入设备 </li >
        <li >运算器 </li >
        <li >控制器 </li >
        <li >存储器 </li >
        <li >输出设备 </li >
        </ul >
    </body >
</html >
```

实现效果如图 2 - 4 所示。

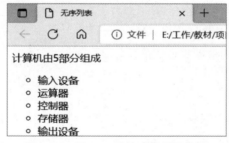

图 2 - 4　用 type 属性改变项目符号

3. 嵌套列表

嵌套列表能将制作的网页内容分割为多层次，比如图书的目录，让人觉得有很强的层次感。有序列表和无序列表不仅能自身嵌套，还能互相嵌套。

微视频 2 - 1

用法：将一个列表嵌入另一个列表中，作为另一个列表的列表项的一部分，称为列表嵌套。

【示例 2 - 5】列表的嵌套。

```
<!DOCTYPE html >
<html >
    <head >
```

```
        <meta charset = "utf - 8" >
        <title > 嵌套列表 </title >
    </head >
<body >
        <h4 > 学习 web 开发 </h4 >
        <ul >
        <li > 学习浏览器端技术
            <ol >
                <li > HTML 语言 </li >
                <li > CSS 样式表 </li >
                <li > JavaScript 脚本语言 </li >
                <li > DOM 文档对象模型 </li >
            </ol >
        </li >
        <li > 学习服务器端技术
        <ol >
                <li > VBScript 脚本语言 </li >
                <li > JSP </li >
                <li > ADO </li >
                <li > SQL Server 数据库 </li >
        </ol >
        </li >
    </ul >
</body >
</html >
```

实现效果如图 2 - 5 所示。

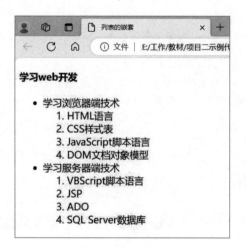

图 2 - 5 列表嵌套

4. 自定义列表标签

自定义列表：常用于对术语或名词进行解释和描述，是项目及其注释的组合，自定义列表的列表项前没有任何项目符号。定义列表以 < dl > 标签开始，每个定义列表项以 < dt > 开始，每个定义列表项的定义以 < dd > 开始，是项目及其注释的组合，无标签属性，所以没有

列表符号和编号, 适用于网页中词语及注释的应用。其基本语法为:

```
< dl >
    < dt >名词1 < /dt >
    < dd >名词1 解释1 < /dd >
    < dd >名词1 解释2 < /dd >
    ......
    < dt >名词2 < /dt >
    < dd >名词2 解释1 < /dd >
    < dd >名词2 解释2 < /dd >
    ......
< /dl >
```

在上面的语法中, < dl > < /dl >标签用于自定义列表, < dt > < /dt >和 < dd > < /dd >并列嵌套于 < dl > < /dl >中, 其中, < dt > < /dt >标签用于指定术语名词, < dd > < /dd >标签用于对名词进行解释和描述。一对 < dt > < /dt >可以对应多对 < dd > < /dd >, 即可以对一个名词进行多项解释。

【示例2 - 6】自定义列表。

```
< ! DOCTYPE html >
< html >
    < head >
        < meta charset = "utf -8 " >
        < title >自定义列表 < /title >
    < /head >
    < body >
        < dl >
            < dt >滕王阁 < /dt >
            < dd >滕王阁,位于江西省南昌市东湖区沿江路,地处赣江东岸、赣江与抚河故道交汇处,
为南昌市地标性建筑、豫章古文明之象征。 < /dd >
            < dt >绳金塔 < /dt >
            < dd >绳金塔,位于江西省南昌市西湖区绳金塔街东侧,原南昌城进贤门外,始建于唐天
祐年间(904—907 年),现存塔体为清康熙五十二年(1713 年)重建。 < /dd >
        < /dl >
    < /body >
< /html >
```

实现效果如图2 - 6所示。

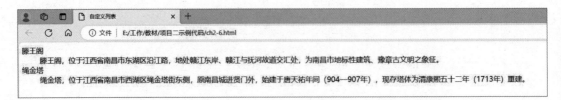

图2 -6　自定义列表

任务 2.2 引入容器标签布局网页

学习目标

知识目标：掌握容器标签及其用法。

能力目标：结合实际项目中网页所需呈现的效果对容器标签加以运用。

素养目标：增强学生分析问题和解决实际问题的综合能力。

建议学时

2 学时。

任务要求

HTML 中有两个容器标签：< div > 和 < span >。这两个标签可以将其他网页元素装入其中，而它本身就像一个窗口一样，仅仅起容器的作用。< div > 和 < span > 的主要区别在于：< div > 是块级元素，即每个 < div > 要单独占用一行；< span > 是行内元素，它能和其他网页元素共同在一行上。当表示大块的文档引用时，用 < div >；当强调一行中的几个字时，用 < span >。

相关知识

1. < div > 标签

当今的网页制作讲究结构与表现的分离。所有的网页元素都用一个个的 div 容器包装起来，并给每个 div 容器一个 id 标识符。这些 div 容器按顺序排列构成网页的结构。至于网页的样式，包括布局、色彩、各个容器的大小、边框、边距以及链接样式等，都由 CSS 来实现，由此实现所谓的结构与表现分离。可见，< div > 标签是网页中至关重要的元素。

微视频 2 – 2

【**示例 2 – 7**】用 div 容器和 CSS 样式表实现结构与表现的分离。

```
<!DOCTYPE html >
<html >
    <head >
        <meta charset = "utf -8" >
        <title >div 标签 </title >
        <style >
            #header,
            #mainContent,
            #footer {
                margin: 0 auto;
                width: 760px;
```

```
        }
        #header {
            height: 100px;
            background: #9c6;
            margin - bottom: 5px;
        }
        #mainContent {
            position: relative;
            height: 400px;
        }
        #sidebar {
            position: absolute;
            top: 0;
            left: 0;
            width: 200px;
            height: 398px;
            background: #cf9;
        }
        #content {
            margin - left: 202px;
            height: 398px;
            background: #ffa;
        }
        #footer {
            height: 60px;
            background: #9c6;
        }
    </style>
</head>
<body>
    <div id = "container">
        <div id = "header">这是 Header </div>
        <div id = "mainContent">
            <div id = "sidebar">这是 sidebar </div>
            <div id = "content">这是 content </div>
        </div>
        <div id = "footer">这是 footer </div>
    </div>
</body>
</html>
```

实现效果如图 2-7 所示。

2. <span> 标签

<span> 标签被用来组合文档中的行内元素。<span> 没有固定的格式表现。当对它应用样式时，它才会产生视觉上的变化。

【示例 2-8】在下面的文字中，将"这些是被挑选出来的文本"强调显示成红色。

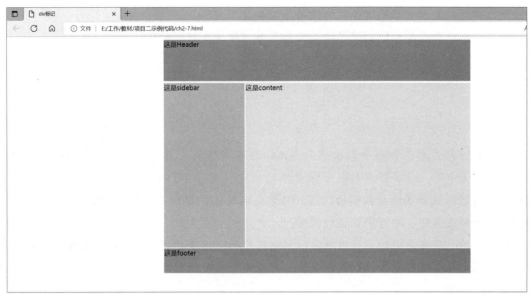

图 2 - 7　div 容器的应用

```
<!DOCTYPE html>
<html>
    <head>
        <meta charset="utf-8">
        <title>span 标签</title>
    </head>
    <body>
        <p>文本文本文本<span style="color:red;">这些是被挑选出来的文本</span>文本
文本文本</p>
    </body>
</html>
```

实现效果如图 2 - 8 所示。

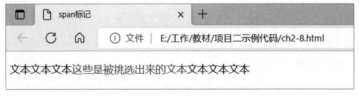

图 2 - 8　<span>标签的使用方法

任务 2.3　使用 CSS 选择器控制元素

学习目标

知识目标：掌握 CSS 选择器的类型及各自定义语法的规则，了解 CSS 设置网页样式的优点。

能力目标：能理解不同选择器的使用场景和使用方法。

素养目标：提升学生的创造思维及发散思维，树立良好的价值观。

建议学时

2 学时。

任务要求

每个 CSS 样式都包含两个基础部分：选择器和声明块。声明块包含格式化属性：字体颜色、字体大小等。选择器是 CSS 中很重要的概念，对于 HTML 语言中的标签样式，都是通过不同的 CSS 选择器进行控制的。用户只需要通过选择器对不同的 HTML 标签进行选择，并赋予各种样式声明，即可实现各种效果。

选择器的作用就是帮助用户准确定位到被选中的、想要设定样式的网页元素上。有些元素比较容易定位，有些元素代码互相嵌套，可能不容易定位。所以，选择器就分为简单选择器和复合选择器。

相关知识

1. 简单选择器

简单选择器分为标签选择器、类选择器和 ID 选择器三种。

（1）标签选择器：整体控制

在 HTML 网页中，使用 HTML 的标签本身作为定位选择器，称为标签选择器。HTML 标签原本有自己确定的样式，但在 CSS 中可以再给这些标签增加新的样式，当新增样式和原有样式冲突时，以新定义样式为准。标签选择器的定义格式如下：

```
标签名{样式}
```

例如，<p>标签用来表示段落，除此以外无其他意义。如果定义 CSS 样式如下：

```
P{font-size:18px;font-style:italic;}
```

此时 <p> 标签除了表示一个段落外，文字的字号变成 18 px，并向右倾斜，并且同一页面中所有 <p> 标签处都会受到影响，变成相同的样式。

【示例 2-9】HTML 标签选择器。

```
<!DOCTYPE html>
<html>
    <head>
        <meta charset="utf-8">
        <title>标签选择器</title>
        <style type="text/css">
            h1{
                font-family: "华文楷体";
                font-size: 36px;
                color: #FF0000;
```

```
        }
        p {
            font - family: "隶书";
            font - size: 24px;
            color: #0000FF;
        }
    </style>
</head>
<body>
    <h1>标签选择器</h1>
    <p>HTML 标签选择器</p>
    <p>标签选择器会影响整个文档</p>
</body>
</html>
```

实现效果如图 2－9 所示。

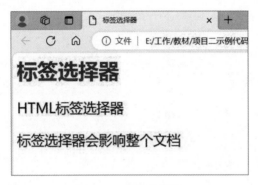

图 2－9　标签选择器

（2）类选择器：精准控制

有时候，要求页面中同一种标签完全以相同的外观显示并不可行。标签选择器一旦定义，将会影响整个网页，比如同样是 <input/> 标签，它作为文本框使用时，需要一种外观，而当它作为按钮使用时，则需要另一种外观。如图 2－10 所示，页面中所有 <h1> 标签中的文字都会变成红色、36 px、华文楷体。那么，如果希望其中某个 <h1> 标签中的文字不是红色而是蓝色，这时仅仅使用标签选择器就不够了，还需要引入类（class）选择器，将多个应共享同一种外观的标签归为一类。

类选择器定义的格式如下：

.类名称{样式}

需注意的是，类选择器一定是以 "." 开头的，后面跟类名称。不同于标签选择器的是，类的名称可以随便起，但必须符合命名标识符的规范，不能以数字开头，并且名字的含义应尽量和它的内容接近，以便见到名字就可以大概了解它的样式。类选择器定义好之后，并不会自动生效，而是需要在这个类选择器定义的样式标签中设置 class 属性，赋值为类的名称，浏览器在显示这个标签时，将套用这个类选择器定义的样式。

【示例 2 – 10】页面中有三行文字,都使用 < p > 标签,但是每行文字的颜色不同,分别为红色、绿色、蓝色。

```
<!DOCTYPE html>
<html>
    <head>
        <meta charset = "utf - 8">
        <title>类选择器</title>
        <style>
            .red {color: #F00;font - size: 18px}
            .green {color: #0F0;font - size: 24px}
            .blue {color: #00F;font - size: 36px}
        </style>
    </head>
    <body>
        <p class = "red">类选择器 1</p>
        <p class = "green">类选择器 2</p>
        <p class = "blue">类选择器 3</p>
    </body>
</html>
```

实现效果如图 2 – 10 所示。

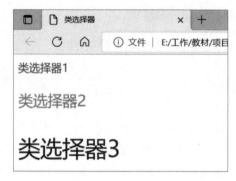

图 2 – 10　类选择器

本例定义了 3 个类选择器:". red"". green"". blue"。". red" 样式为红色、18 px 大小文字;". green" 样式为绿色、24 px 大小文字;". blue" 样式为蓝色、36 px 大小文字。这 3 种样式分别应用到 3 行 < p > 段落中。

(3) ID 选择器:控制特殊的网页元素

有时需要为页面中特定的某个标签制订外观,这种情况下应使用 ID 选择器。ID 选择器的使用方法与类选择器的基本相同,不同之处在于 ID 选择器只能在 HTML 页面中使用一次,因此针对性更强。在 HTML 标签中,只需要利用 id 属性就可以直接调用 CSS 中的 ID 选择器。ID 选择器对基于 JavaScript 的网页或者非常冗长的网页有些特殊的用途。ID 选择器的定义格式如下:

```
#id 号{样式}
```

定义 ID 选择器时，要以#号作为前缀，ID 名可自己定义，但必须符合命名标识符的规范，不能以数字开头。ID 选择器定义好之后，并不会自动生效，跟类选择器相似，必须在应用样式的标签中添加一个 ID 属性，比如 < div id = "id 号" >。

ID 选择器样式规则在一个页面中应只被使用一次，即只能在一处标签使用此样式规则。

【示例 2 - 11】网页内有 3 行文字，3 个 < p > 标签的 ID 号分别为 hang1、hang2、hang3，要求实现如图 2 - 11 所示效果。

```
<!DOCTYPE html >
<html >
    < head >
        <meta charset = "utf - 8" >
        <title >ID 选择器 </title >
        < style >
            #hang1 {color: #F00;font - size: 18px}
            #hang2 {color: #0F0;font - size: 24px}
            #hang3 {color: #00F;font - size: 36px}
        < /style >
    < /head >
    < body >
        <p id = "hang1" >ID 选择器 1 < /p >
        <p id = "hang2" >ID 选择器 2 < /p >
        <p id = "hang3" >ID 选择器 3 < /p >
    < /body >
< /html >
```

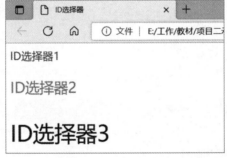

图 2 - 11　ID 选择器

2. 复合选择器

实际网页中大部分用的是复合选择器。复合选择器分为并集选择器、后代选择器、伪类选择器 3 种。

（1）并集选择器

并集选择器就是同时给多个选择器应用同一种样式。并集选择器是多个选择器通过逗号连接而成的。例如，让所有标题标签都设置成同一种颜色，可以创建如下规则：

```
h1,h2,h3,h4,h5,h6{color:red}
```

这个例子中只包含标签选择器，其实并集选择器中并列声明的选择器类型是任意的，既可以是标签选择器、类选择器、ID 选择器，也可以是简单选择器、复合选择器，或是这些选择器的组合。

【示例 2 - 12】页面中有 7 行文字，所有文字的颜色都是紫色，字体大小为 16 px，另外，给第 2 行和最后两行加下划线，要求实现如图 2 - 12 所示效果。

```
<!DOCTYPE html >
<html >
    <head >
        <meta charset = "utf -8" >
        <title >并集选择器 </title >
        <style >
            h1,h2,h3,h4,h5,p {
                color: purple;
                font -size: 16px;
            }
            .xiahuaxian,#one {
                text -decoration: underline;
            }
        </style >
    </head >
    <body >
        <h1 >并集选择器 h1 </h1 >
        <h2 class = "xiahuaxian" >并集选择器 h2 </h2 >
        <h3 >并集选择器 h3 </h3 >
        <h4 >并集选择器 h4 </h4 >
        <h5 >并集选择器 h5 </h5 >
        <p >并集选择器 p1 </p >
        <p class = "xiahuaxian" >并集选择器 p2 </p >
        <p id = "one" >并集选择器 p3 </p >
    </body >
</html >
```

图 2 - 12　并集选择器

（2）后代选择器

在网页中，标签元素嵌套是常有的事，为了对这些被嵌套的网页元素制订样式，可以使用后代选择器。后代选择器的写法就是把外层的标签写在前面，内层的标签写在后面，之间用空格分隔。

【示例 2 – 13】 最外层标签为 < p > （父选择器），中间层为 < span > （子选择器），最内层为 < b > （孙子选择器），要求实现如图 2 – 13 所示效果。当选定中间层使其中文字变蓝时，应使用后代选择器 p span{color:#0000ff}；当选定最内层使其文字变红时，应当用 p span b{color:#ff0000}。

```
<!DOCTYPE html >
<html >
    < head >
        < meta charset = "utf - 8" >
        <title > 后代选择器 </title >
        < style >
            p span {color:#0000ff;}
            p span b {color:#ff0000;}
        </style >
    </head >
    < body >
        < p > 这是外层文字 < span > 这是中间层文字(蓝色) < b > 这是最内层的文字(红色) </b > 颜色
不一样, </span > 看得出来。</p >
    </body >
</html >
```

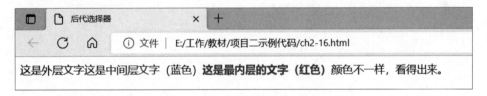

图 2 – 13 后代选择器

（3）伪类选择器

伪类选择器是指对同一 HTML 元素的各种状态或其所包括的部分内容的样式的一种定义方式。用得比较多的场景是使用锚伪类为页面中的超链接制订在不同状态下不同的外观。最常用的伪类选择器就是对超链接标签 < a > 的各种不同状态下的样式的定义。之所以称之为"伪"，是因为它指定的对象在文档中并不存在，它指定的是元素的某种状态，这些状态包括正常超链接状态（link）、访问过后（visited）、光标移动到超链接文字上（hover）、选中超链接（active）等，具体见表 2 – 1。使用伪类定义样式的格式如下：

```
HTML 标签:伪元素{样式}
```

表 2 − 1　伪类选择器样式

伪类名	用途
a：link	设置超链接未被访问时的样式
a：active	设置超链接被用户激活（在鼠标单击与释放之间）的样式
a：visited	设置超链接被访问后的样式
a：hover	设置将鼠标指针移到超链接上时的样式

【示例 2 − 14】使用伪类选择器实现链接前文字为 24 号字、黑色、无下划线，当鼠标移到链接文字上时，变为红色字、黄底，有下划线。

```
<!DOCTYPE html >
<html >
    <head >
        <meta charset = "utf - 8" >
        <title >并集选择器 </title >
        <style type = "text/css" >
            a：link,
            a：visited {
                font - size: 24px;
                text - decoration: none;
                color: #000000;
            }

            a：hover {
                font - size: 24px;
                text - decoration: underline;
                color: #ff0000;
                background - color: #ffff00;
            }
        </style >
    </head >
    <body >
        <a href = "https://www.jxjdxy.edu.cn/index.htm" >江西机电职业技术学院官网 </
a >
    </body >
</html >
```

实现效果如图 2 − 14 所示。

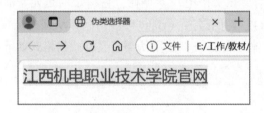

图 2 − 14　伪类选择器

制作列表类综合网页

学习目标

　　知识目标：掌握列表的 CSS 样式设置方法。

　　能力目标：能理解 CSS 列表属性的使用场景和设置方法。

　　素养目标：提升文化知识的正确认知，树立文化自信。

建议学时

　　2 学时。

任务要求

　　CSS 列表属性用于设置 HTML 列表元素的样式，包括有序列表和无序列表。列表样式常用的属性有 4 种：list – style – type、list – style – position、list – style – image、list – style。

相关知识

　　1. 标签的类型（list – style – type）

　　list – style – type 属性设置列表项标签的样式，包括符号、缩进等。语法：

```
list – style – type:<值 >
```

　　说明：可以设置多种符号作为列表项的符号。

　　常用可选的值见表 2 – 2。

表 2 – 2　列表项标签的样式的值

值	描述
none	无标签
disc	默认。标签是实心圆
circle	标签是空心圆
square	标签是实心方块
decimal	标签是数字
decimal – leading – zero	0 开头的数字标签（01、02、03 等）
lower – roman	小写罗马数字
upper – roman	大写罗马数字
lower – alpha	小写英文字母（a、b、c、d、e 等）
upper – alpha	大写英文字母（A、B、C、D、E 等）
lower – greek	小写希腊字母（α、β、γ 等）

　　【示例 2 – 15】CSS 列表属性 list – style – type。

```
<!DOCTYPE html >
<html >
    <head >
        <meta charset = "utf - 8" >
        <title >CSS 列表属性 </title >
        <style >
            ul {list - style - type: circle;}
            ol {list - style - type: square;}
        </style >
    </head >
    <body >
        <ul >
            <li >基础课 </li >
            <li >专业课 </li >
            <li >选修课 </li >
        </ul >
        <ol >
            <li >基础课 </li >
            <li >专业课 </li >
            <li >选修课 </li >
        </ol >
    </body >
</html >
```

实现效果如图 2 – 15 所示。

图 2 – 15　CSS 列表属性 list – style – type

2. 标签的位置（list – style – position）

list – style – position 属性设置在何处放置列表项标签。语法：

```
list - style - position:[outside |inside |inherit]
```

可选属性值如下：

● inside：列表项目标签放置在文本以内，并且环绕文本，根据标签对齐。

● outside：默认值。保持标签位于文本的左侧。列表项目标签放置在文本以外，并且环绕文本，不根据标签对齐。

● inherit：规定应该从父元素继承 list – style – position 属性的值。

【示例 2 –16】CSS 列表属性 list – style – position。

```
<!DOCTYPE html >
<html >
    <head >
        <meta charset = "utf -8" >
        <title >CSS 列表属性 </title >
        <style >
            .u1 {list -style -position: inside;}
            .u2 {list -style -position: outside;}
        </style >
    </head >
    <body >
        <ul >
            <li >基础课 </li >
            <li >专业课 </li >
            <li >选修课 </li >
        </ul >
        <ul class = "u1" >
            <li >基础课 </li >
            <li >专业课 </li >
            <li >选修课 </li >
        </ul >
        <ul class = "u2" >
            <li >基础课 </li >
            <li >专业课 </li >
            <li >选修课 </li >
        </ul >
    </body >
</html >
```

实现效果如图 2 - 16 所示。

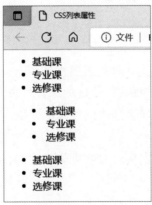

图 2 - 16　CSS 列表属性 list - style - position

3. 设置图像列表标签（list - style - image）

list - style - image 属性使用图像来替换列表项的标签，以美化页面。语法：

```
list - style - image:none |url(图像地址)
```

说明：none 表示不指定图像；url 则使用绝对或相对地址指定作为符号的图像。

【**示例 2 –17**】 CSS 列表属性 list – style – image。

```
<!DOCTYPE html >
<html >
    <head >
        <meta charset = "utf -8" >
        <title >CSS 列表属性 </title >
        <style >
            ul {
                list – style – image: url("image/图标1.jpg");
            }
        </style >
    </head >
    <body >
        <ul >
            <li >基础课 </li >
            <li >专业课 </li >
            <li >选修课 </li >
        </ul >
    </body >
</html >
```

实现效果如图 2 –17 所示。

图 2 –17   CSS 列表属性 list – style – image

4. 简写属性（list – style）

列表复合属性 list – style 是以上 3 种列表属性的组合，用于把所有用于列表的属性设置于一个声明中。此属性是设定列表样式的快捷的综合写法。用这个属性可以同时设置列表样式类型属性（list – style – type）、列表样式位置属性（list – style – position）和列表样式图片属性（list – style – image）。

【**示例 2 –18**】 下面通过一个案例对 CSS 列表属性 list – style 进行演示。

```
<!DOCTYPE html >
<html >
    <head >
        <meta charset = "utf -8" >
        <title >CSS 列表属性 </title >
        <style >
            ul {
                list – style: square inside;
```

```
        }
    </style>
</head>
<body>
    <ul>
        <li>基础课</li>
        <li>专业课</li>
        <li>选修课</li>
    </ul>
</body>
</html>
```

实现效果如图 2 – 18 所示。

图 2 – 18 CSS 列表属性 list – style

巩固提升——制作列表类综合网页

1. 任务要求

下面通过一个案例对网页中的列表部分进行演示。该页面包含一个用列表方式制作的导航栏，通过导航栏可跳转至其他子页面，结合列表的学习，构建网站的导航栏区域的页面效果如图 2 – 19 所示。

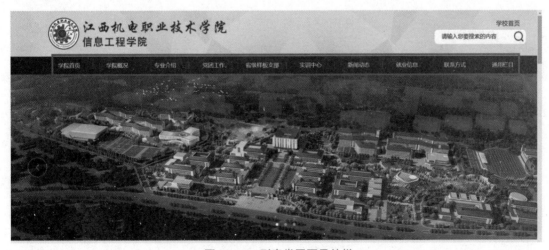

图 2 – 19 列表类网页导航栏

2. 任务实施

（1）添加列表元素，完成导航栏主体内容部分设计。其中核心代码如下：

```html
<!DOCTYPE html >
<html >
    <head >
        <meta charset = "utf -8" >
        <title >学院导航栏 </title >
        < link href = "new_file.css" rel = "stylesheet" type = "text/css" />
    < /head >
    <body >
        <! -- 导航栏 -- >
        <div class = "nav clearfix" >
            <div class = "w1400" >
                <ul >
                    li >
                        <a href = "#" title = "学院首页" >学院首页 </a >
                    </li >
                    <li >
                        <a href = "#" title = "学院概况" >学院概况 </a >
                        <ol class = "inner" >
                            <li >
                                <a href = "#" title = "学院简介" >学院简介 </a >
                            </li >
                            <li >
                                <a href = "#" title = "学院领导" >学院领导 </a >
                            </li >
                            <li >
                                <a href = "#" title = "成果展示" >成果展示 </a >
                            </li >
                        </ol >
                    </li >
                    <li >
                        <a href = "#" title = "专业介绍" >专业介绍 </a >
                    </li >
                    <li >
                        <a href = "#" title = "党团工作" >党团工作 </a >
                    </li >
                    <li >
                        <a href = "#" title = "省级样板支部" >省级样板支部 </a >
                        <ol class = "inner" >
                            <li >
                                <a href = "#" title = "工作动态" >工作动态 </a >
                            </li >
                            <li >
                                <a href = "#" title = "微党课大讲堂" >微党课大讲
堂 </a >
                            </li >
                            <li >
```

```
                            <a href = "#" title = "三全育人" >三全育人 </a >
                        </li >
                        <li >
                            <a href = "#" title = "党员风采" >党员风采 </a >
                        </li >
                    </ol >
                </li >
                <li >
                    <a href = "#" title = "实训中心" >实训中心 </a >
                    <ol class = "inner" >
                        <li >
                            <a href = "#" title = "实训场所" >实训场所 </a >
                        </li >
                    </ol >
                </li >
                <li >
                    <a href = "#" title = "新闻动态" >新闻动态 </a >
                </li >

                <li >
                    <a href = "#" title = "就业信息" >就业信息 </a >
                </li >
                <li >
                    <a href = "#" title = "联系方式" >联系方式 </a >
                </li >
                <li >
                    <a href = "#" title = "通用栏目" >通用栏目 </a >
                    <ol class = "inner" >
                    <li >
                        <a href = "#" title = "教学活动" >教学活动 </a >
                    </li >
                    <li >
                        <a href = "#" title = "教师风采" >教师风采 </a >
                    </li >
                    </ol >
                </li >
            </ul >
        </div >
    </body >
</html >
```

（2）实现导航栏布局及样式

根据效果图，设置页面导航栏样式与布局，核心 CSS 代码如下：

```
nav {
display: block;
}
html,
```

```
body {
position: relative;
width: 100% ;
min - width: 1600px;
}
a {
color: #333;
text - decoration: none;
}
a:hover {
color: #354e98;
}
.clearfix::after {
display: block;
visibility: hidden;
clear: both;
content: ".";
overflow: hidden;
width: 0px;
height: 0px;
font - size: 0px;
line - height: 0;
}
.clearfix {
display: block;
}
.w1400 {
width: 1400px;
margin: 0px auto;
}
ol,ul,li {
list - style: none;
}
.nav {
background: #203880;
}
.nav ul > li {
width: 10% ;
height: 50px;
float: left;
text - align: center;
position: relative;
}
.nav ul > li a {
font - size: 16px;
font - weight: normal;
color: #ffffff;
text - align: center;
display: block;
```

```
line - height: 50px;
}
.nav ul > li::before {
position: absolute;
display: block;
content: "";
width: 1px;
height: 20px;
background: #64709D;
right: 0;
top: 0;
bottom: 0;
margin: auto;
}
.nav ul > li:last - child::before {
display: none;
}
.nav ul > li:hover {
background: #15245c;
}
.nav ol {
width: 100% ;
display: none;
z - index: 9999;
position: absolute;
left: 0;
top: 50px;
background: #15245c;
}
.nav ol a {
font - size: 14px;
color: #fff;
display: block;
line - height: 40px;
}
.nav ol li:hover {
background: #3c53ab;
}
```

（3）实现鼠标悬停在列表项上时出现下拉列表菜单，如图 2 - 20 所示。

图 2 - 20　鼠标悬停时展现下拉列表菜单

根据效果图，需在 CSS 代码中添加如下代码：

```
.nav li:hover .inner {
display: block;
}
```

项目三

超链接网页制作

项目导读

　　超链接是网站中最重要的组成部分，HTML有了超链接才显得与众不同。超链接由源端点和目标端点两部分组成，其中，设置了链接的一端称为源端点，跳转到的页面或对象称为目标端点。网页中用于制作超链接的源端点既可以是一段文本，也可以是一张图像；目标端点既可以是另一个网页，也可以是相同网页上的不同位置，还可以是一张图像、一个电子邮件地址、一个文件，甚至是一个应用程序。

学习目标

- 熟练掌握设置各种超链接的方法。
- 掌握跳转菜单的设置方法。
- 熟悉各种链接伪类选择器。
- 掌握在CSS中，如何通过链接伪类实现不同的链接状态。

职业能力要求

- 具有一定的网页设计基础知识及能力。
- 具有一定的审美能力，能够搭建一个风格统一、色彩和谐、重点突出的网页。
- 具有一定的自主学习能力，能够运用网页设计相关知识解决实际问题。

项目实施

　　本项目包括超链接标签<a>、各种链接类型的基本语法以及链接伪类选择器。通过若干小案例及巩固提升任务，不仅介绍了该如何设置常规超链接和其他类型的超链接，还介绍了链接标签的伪类选择器及其使用。

任务3.1　创建超链接

学习目标

　　知识目标：超链接标签<a>及各种类型的超链接和语法。

　　能力目标：能够为网页设置超链接。

素养目标：培养学生自主学习和专业实践能力，为以后的学习、工作打下扎实基础。

建议学时

2 学时。

任务要求

本任务主要是认识超链接，并学会如何创建超链接。

学习本任务后，要求每位同学都能为网页中的文本和图像等对象创建链接。

相关知识

1. 超链接标签

超文本链接（Hyper Text Link）通常简称为超链接（Hyper Link），或者简称为链接（Link）。在实际应用中很少有网页是单独存在的，通常都会使用超链接来创建一个页面与其他页面进行联系。同样地，也可以使用超链接创建与其他 Web 服务器上的网页联系。使用超链接不仅可以链接网页文件，还可以链接其他文件。

创建超链接使用的标记是 < a >。超链接要能正确地进行链接跳转，需要同时存在两个端点，即源端点和目标端点。源端点是指网页中提供链接单击的对象，如链接文本或链接图像；目标端点是指链接跳转过去的页面或位置，如某个网页、锚记等。其基本格式为：

微视频 3 – 1

```
< a href = "跳转文件的地址" target = "窗口打开的方式" > 源端点( 如链接文字) < /a >
```

- href = "跳转文件的地址"表示超链接的目标文件的路径。
- target 属性表示链接目标的打开方式，其各属性值的意义见表 3 – 1。

表 3 – 1 target 属性值的意义

类型	描述
target = " _blank"	保留当前窗口，在新窗口中打开链接的网页
target = " _parent"	在当前窗口中打开链接的网页，如果是框架网页，则在父框架中显示打开的链接网页
target = " _self"	在当前窗口中打开链接的网页，如果是框架网页，则在当前框架中显示打开的链接网页
target = " _top"	在当前窗口中打开链接的网页，如果是框架网页，则删除所有框架，显示打开的网页

2. 超链接基础——URL

在网站中，每一个网页都有唯一的地址与之对应，这个地址称为统一资源定位符，即 URL（Uniform Resource Locator），它的功能就是提供在 Internet 上查找资源的标准方法。而对于一般的文件，则是它的路径，即所在的目录和文件名。

链接路径就是在超链接中用于标识目标端点的位置标识。常见的链接路径主要有两种类型：绝对路径和相对路径。

● 绝对路径：是指文件的真正存在路径，是从硬盘的根目录开始，经过一级级目录指向目标文件。

● 相对路径：是指以当前文件为基准，经过一级级目录指向目标文件。

一般有如下 3 种相对路径的写法：

①同一目录下的文件：只需要输入链接文件的名称即可，如：1. html。

②上一级目录中的文件，在目录名和文件名之前加入"../"，如 ../file/1. html；如果是上两级，则需要加入两个"../"，如：../../file/1. html。

③下一级目录：输入目录名和文件名，之间以"/"隔开，如：html/file/1. html。

微视频 3 – 2

3. 超链接分类

（1）内部超链接

内部超链接指在同一站点内部，不同页面之间的超链接。其基本语法格式为：

```
< a href = "链接文件的路径" > 源端点 </a >
```

创建内部链接时，先在某网页中选择文本或图像后，再为所选对象创建链接。比如给 example 文件下的 index. html 中的"散文欣赏"创建到 example 文件下的 sanwen. html 链接。图 3 – 1 所示为同一站点内的文档，图 3 – 2 所示为 index. html 的网页内容。

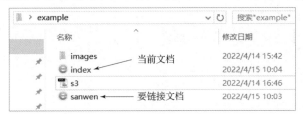

图 3 – 1　站点结构

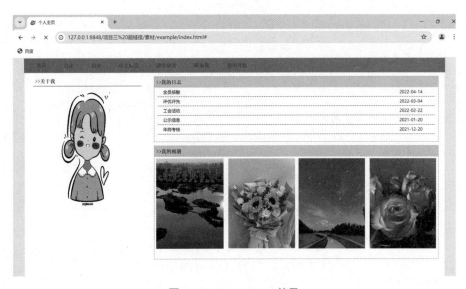

图 3 – 2　index. html 效果

【示例 3 – 1】超链接网页具体的实现。

```
<!DOCTYPE html >
<html >
    <head >
        <meta charset = "utf – 8" >
        <title >个人主页 </title >
        < link href = "s3.css" rel = "stylesheet" type = "text/css" >
    </head >
    <body >
        <div id = "box" >
            <header >
                <div id = "menu" >
                    <nav >
                        <a href = "#" class = "selected" >首页 </a > <a href = "#" >
日志 </a >
                        <a href = "#" >相册 </a > <a href = "#" >诗文欣赏 </a >
                        <a href = "shiwen.html" target = "_blank" >散文欣赏 </a >/
*创建内部链接 */
                        <a href = "#" >联系我 </a > <a href = "#" >我的母校 </a >
                    </nav >
                </div >
            </header >
            <div id = "content" >
                <div id = "left" >
                    <h1 >&gt;&gt;关于我 </h1 >
                    <div align = "center" > </div >
                    <p align = "center" > <img src = "images/me.jpg" width = "220"
height = "330" > </p >
                </div >
                <div id = "right" >
                    <div id = "rizhi" >
                        <h2 >&gt;&gt;我的日志 </h2 >
                        <ul >
                            <li > <a href = "#" > <span class = "newTime" >2022 – 04 –
14 </span > 全员核算 </a > </li >
                            <li > <a href = "#" > <span class = "newTime" > 2022 – 03 –
04 </span >评优评先 </a > </li >
                            <li > <a href = "#" > <span class = "newTime" >2022 – 02 –
22 </span >工会活动 </a > </li >
                            <li > <a href = "#" > <span class = "newTime" >2021 – 01 –
20 </span >公示信息 </a > </li >
                            <li > <a href = "#" > <span class = "newTime" > 20021 – 12 –
20 </span >年终考核 </a > </li >
                        </ul >
                    </div >
                    <div id = "xiangce" >
                        <h2 >&gt;&gt;我的相册 </h2 >
                        <img src = "images/1.jpg" width = "215" height = "285" > <
img src = "images/2.jpg" width = "215"
```

```
                              height = "285" > < img src = "images /3.jpg" width = "
215" height = "285" > < img src = "images /4.jpg"
                              width = "215" height = "285" >
                    < /div >
                  < /div >
                  < div class = "clr" > < /div >
              < /div >
              < footer > 版权所有 &copy; 2022 -2023 < /footer >
          < /div >
      < /body >
< /html >
```

在示例 3 – 1 中，第 16 行代码用于给 index. html 中的"散文欣赏"创建内部链接，因此 href 后面的属性值为 example 文件夹中的另一个文档——sanwen. html。运行效果如图 3 – 3 所示。

图 3 – 3　内部链接效果

要注意的是，在代码(< a href = "shiwen. html" target = "_ blank" > 散文欣赏 < /a >)中，target 的属性值为"_ blank"，表示保留个人主页这个页面，并在新窗口中打开链接的网页 sanwen. html。

（2）外部超链接

外部超链接是站点外部的链接，即和其他网站中的页面或其他元素之间的链接。其语法格式为：

```
< a href = "URL" >源端点 < /a >
```

下面通过实际案例来学习如何创建外部链接。

【示例 3 – 2】参照示例 3 – 1，为 index. html 页面中的"我的母校"创建到"https://www. jxjdxy. edu. cn/"的外部链接。

```
< !DOCTYPE html >
< html >
    < head >
        < meta charset = "utf -8" >
        < title >个人主页 < /title >
        < link href = "s3.css" rel = "stylesheet" type = "text/css" >
    < /head >
    < body >
        < div id = "box" >
            < header >
                < div id = "menu" >
                    < nav >
                        < a href = "#" class = "selected" >首页 < /a > < a href = "#" >
日志 < /a >
                        < a href = "#" >相册 < /a > < a href = "#" >诗文欣赏 < /a >
```

```
                          < a href = "#" > 散文欣赏 < /a > < a href = "#" > 联系我 < /a >
                          < a href = "https://www.jxjdxy.edu.cn/" > 我的母校 < /a >
                    < /nav > /* 创建外部链接 */
              < /div >
          < /header >
          < div id = "content" >
              < div id = "left" >
                  < h1 > &gt;&gt;关于我 < /h1 >
                  < div align = "center" > < /div >
                  < p align = "center" > < img src = "images/me.jpg" width = "220"
height = "330" > < /p >
              < /div >
              < div id = "right" >
                  < div id = "rizhi" >
                      < h2 > &gt;&gt;我的日志 < /h2 >
                      < ul >
                          < li > < a href = "#" > < span class = "newTime" >2022 -
04 -14 < /span > 全员核算 < /a > < /li >
                          < li > < a href = "#" > < span class = "newTime" > 2022 -
03 -04 < /span > 评优评先 < /a > < /li >
                          < li > < a href = "#" > < span class = "newTime" >2022 -
02 -22 < /span > 工会活动 < /a > < /li >
                          < li > < a href = "#" > < span class = "newTime" >2021 -
01 -20 < /span > 公示信息 < /a > < /li >
                          < li > < a href = "#" > < span class = "newTime" > 20021 -
12 -20 < /span > 年终考核 < /a > < /li >
                      < /ul >
                  < /div >
                  < div id = "xiangce" >
                      < h2 > &gt;&gt;我的相册 < /h2 >
                      < img src = "images/1.jpg" width = "215" height = "285" > <
img src = "images/2.jpg" width = "215"
                          height = "285" > < img src = "images/3.jpg" width = "215"
height = "285" > < img src = "images/4.jpg"
                          width = "215" height = "285" >
                  < /div >
              < /div >
              < div class = "clr" > < /div >
          < /div >
          < footer > 版权所有 &copy; 2022 -2023 < /footer >
      < /div >
    < /body >
< /html >
```

在示例3-2中，第17行代码用于给 index. html 中的"我的母校"创建外部链接，因此，href 后面的属性值为网址"https://www.jxjdxy.edu.cn/。运行效果如图3-4所示。

图 3-4 外部链接效果

（3）锚记超链接

锚记超链接是同一网页内部的链接。通常情况下，锚记链接用于链接到网页内部某个特定的位置。例如，在制作某个内容较长的网页时，可以让浏览者从头到尾阅读，也可以让其选择自己感兴趣的部分阅读。可以在文章的起始处列几个小标题，相当于文章的目录，然后为每个标题建立一个链接，并为要链接到的目录位置打上一个定位标记，这个标记通常称为锚点。锚点的地方采用 < a name = "锚点名称" > 目标位置 </a > ；标题的链接表示为 < a href = "#锚点名称" >标题名 </a >。见表3-2。

表 3-2 锚点超链接使用示例

链接文字	第一步：定位标记	第二步：建立链接
链接文字一	< a name = "p1" > 欲跳转的位置 </a >	< a href = "#p1" >链接文字一 </a >
链接文字二	< a name = "p2" > 欲跳转的位置 </a >	< a href = "#p2" >链接文字二 </a >
链接文字三	< a name = "p3" > 欲跳转的位置 </a >	< a href = "#p3" >链接文字三 </a >

创建锚点链接时，首先要插入命名锚点，然后创建跳转到该命名锚点的链接。如在 sanwen. html 网页文档的"散文欣赏"右侧插入命名锚点，然后在该网页右下角的"Top"按钮上创建链接到锚点的超链接。图3-5所示为 sanwen. html 的页面内容。

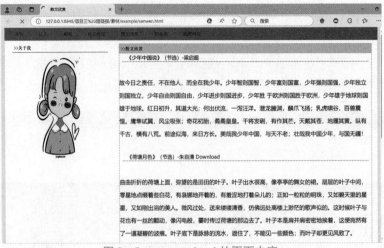

图 3 – 5　sanwen. html 的页面内容

【示例 3 – 3】通过代码来实现插入命名锚点。

```
<!DOCTYPE html >
<html >
    <head >
        <meta charset = "utf - 8" >
        <title > 散文欣赏 </title >
        <link href = "s3.css" rel = "stylesheet" type = "text/css" >
        <style type = "text/css" >
            <! -- .STYLE1 {font - size:16px} -->
        </style >
    </head >
    <body >
        <div id = "box" >
            <header >
                <div id = "menu" >
                    <nav >
                        <a href = "index.html" class = "selected" > 首页 </a > <a
href = "#" > 日志 </a >
                        <ahref = "#" > 相册 </a > <a href = "#" > 诗文欣赏 </a > <a href
= "#" > 散文欣赏 </a >
                            <a href = "#" > 联系我 </a > <a href = "#" > 我的母校 </a >
                    </nav >
                </div >
            </header >
            <div id = "content" >
                <div id = "left" >
                    <h1 >&gt;&gt;关于我 </h1 >
                    <div align = "center" > </div >
                    <p align = "center" > <img src = "images/me.jpg" width = "220"
height = "330" > </p >
                </div >
                <div id = "right" >
```

```
< div id = "rizhi" >
    < h2 > &gt; &gt; 散文欣赏 < a name = "001" > < /a > < /h2 > /* 命名锚
点为:001 * /
        < ul >
            < li class = "STYLE1" >《少年中国说》(节选) – 梁启超 < /li >
        < /ul >
        < p >   < /p >
        < div id = "wenzi" >
            < p > 故今日之责任,不在他人,而全在我少年。少年智则国智,少年富
则国富,少年强则国强,少年独立则国独立,少年自由则国自由,少年进步则国进步,少年胜于欧洲则国胜于欧
洲,少年雄于地球则国雄于地球。红日初升,其道大光;河出伏流,一泻汪洋。潜龙腾渊,鳞爪飞扬;乳虎啸谷,
百兽震惶。鹰隼试翼,风尘翕张;奇花初胎,矞矞皇皇。干将发硎,有作其芒。天戴其苍,地履其黄。纵有千古,
横有八荒。前途似海,来日方长。美哉我少年中国,与天不老;壮哉我中国少年,与国无疆! < /p >
        < /div >
        < p >   < /p >
        < ul >
            < li class = "STYLE1" >《荷塘月色》(节选) – 朱自清 < /li >
        < /ul >
        < p >   < /p >
        < div id = "wenzi" >
            < p > 曲曲折折的荷塘上面,弥望的是田田的叶子。叶子出水很高,像
亭亭的舞女的裙。层层的叶子中间,零星地点缀着些白花,有袅娜地开着的,有羞涩地打着朵儿的;正如一粒
粒的明珠,又如碧天里的星星,又如刚出浴的美人。微风过处,送来缕缕清香,仿佛远处高楼上渺茫的歌声似
的。这时候叶子与花也有一丝的颤动,像闪电般,霎时传过荷塘的那边去了。叶子本是肩并肩密密地挨着,
这便宛然有了一道凝碧的波痕。叶子底下是脉脉的流水,遮住了,不能见一些颜色;而叶子却更见风致了。
            月光如流水一般,静静地泻在这一片叶子和花上。薄薄的青雾浮起在荷塘里。叶子和花仿佛在牛乳中
洗过一样;又像笼着轻纱的梦。虽然是满月,天上却有一层淡淡的云,所以不能朗照;但我以为这恰是到了好
处——酣眠固不可少,小睡也别有风味的。月光是隔了树照过来的,高处丛生的灌木,落下参差的斑驳的黑
影,峭楞楞如鬼一般;弯弯的杨柳的稀疏的倩影,却又像是画在荷叶上。塘中的月色并不均匀;但光与影有着
和谐的旋律,如梵婀玲上奏着的名曲。
            荷塘的四面,远远近近,高高低低都是树,而杨柳最多。这些树将一片荷塘重重围住;只在小路一旁,漏
着几段空隙,像是特为月光留下的。树色一例是阴阴的,乍看像一团烟雾;但杨柳的丰姿,便在烟雾里也辨得
出。树梢上隐隐约约的是一带远山,只有些大意罢了。树缝里也漏着一两点路灯光,没精打采的,是渴睡人
的眼。这时候最热闹的,要数树上的蝉声与水里的蛙声;但热闹是它们的,我什么也没有。< /p >
                    < table width = "10" border = "0" align = "right"
cellpadding = "0" cellspacing = "0" >
                        < tr >
                            < td >
                                < a href = "#001" > < img src = "images/
6.gif" width = "30" height = "29" border = "0" > < /a >
                            < /td >
                        < /tr >
                    < /table > /* 为锚点 001 创建超链接 * /
                    < p align = "right" >   < /p >
        < /div >
    < /div >
< /div >
< div class = "clr" > < /div >
```

```
            </div>
            <footer> 版权所有 &copy;2022 -2023 </footer>
        </div>
    </body>
</html>
```

在示例 3 - 3 中，第 33 行代码用于在 sanwen. html 中的"散文欣赏"处插入命名锚点，锚点名称为"001"。第 70 行代码的作用是在"Top"处创建链接到锚点 001 的超链接。当页面浏览到最下面时，单击"Top"按钮就可以直接跳转到页面的首部，此时不需要利用滚动条回到页面的首部。运行效果如图 3 - 6 所示。

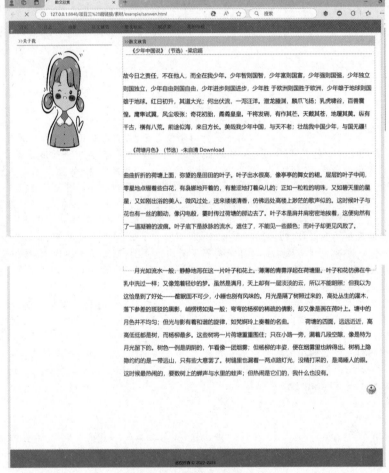

图 3 - 6　锚点链接预览效果

要注意的是，命名锚点链接和其他链接不同的地方，就是在链接的锚点名称前需要输入符号"#"，用于表示当前页。

（4）电子邮件超链接

电子邮件超链接指链接到电子邮箱的链接。单击该链接可以发送电子邮件。其基本语法格式为：

```
<a href = "mailto:邮箱地址" >链接文字</a>
```

【示例 3-4】实现为 index. html 页面中的"联系我"创建电子邮件链接。

```
<!DOCTYPE html >
<html >
    <head >
        <meta charset = "utf -8" >
        <title >个人主页</title >
        <link href = "s3.css" rel = "stylesheet" type = "text/css" >
    </head >
    <body >
        <div id = "box" >
            <header >
                <div id = "menu" >
                    <nav >
                        <a href = "#" class = "selected" >首页</a > <a href = "#" >日
志</a >
                        <a href = "#" >相册</a > <a href = "#" >诗文欣赏</a > <a
href = "#" >散文欣赏</a >
                        <a href = "mailto:xmm@163.com" >联系我</a > /*创建电子邮件
链接*/
                        <a href = "#" >我的母校</a >
                    </nav >
                </div >
            </header >
            <div id = "content" >
                <div id = "left" >
                    <h1 >&gt;&gt;关于我</h1 >
                    <div align = "center" ></div >
                    <p align = "center" > <img src = "images/me.jpg" width = "220"
height = "330" ></p >
                </div >
                <div id = "right" >
                    <div id = "rizhi" >
                        <h2 >&gt;&gt;我的日志</h2 >
                        <ul >
    <li > <a href = "#" > <span class = "newTime" >2022 -04 -14 </span >全员核酸</a
> </li >
    <li > <a href = "#" > <span class = "newTime" > 2022 -03 -04 </span >评优评先</a
> </li >
    <li > <a href = "#" > <span class = "newTime" >2022 -02 -22 </span >工会活动</a
> </li >
    <li > <a href = "#" > <span class = "newTime" >2021 -01 -20 </span >公示信息 </a
> </li >
    <li > <a href = "#" > <span class = "newTime" > 20021 -12 -20 </span >年终考核</a
> </li >
                        </ul > </div >
                    <div id = "xiangce" >
                        <h2 >&gt;&gt;我的相册</h2 >
<img src = "images/1.jpg" width = "215" height = "285" >
<img src = "images/2.jpg" width = "215" height = "285" >
<img src = "images/3.jpg" width = "215" height = "285" >
<img src = "images/4.jpg" width = "215" height = "285" >
```

```
                    </div>  </div>
              <div class = "clr" > </div>  </div>
          <footer > 版权所有 &copy; 2022 –2023 </footer >
        </div>
    </body >
</html >
```

在示例 3 – 4 中，第 17 行代码用于给 index. html 中的"联系我"创建电子邮件链接，因此 href 后面的属性值为个人的邮箱网址 mailto:xmm@163. com。运行效果如图 3 – 7 所示。

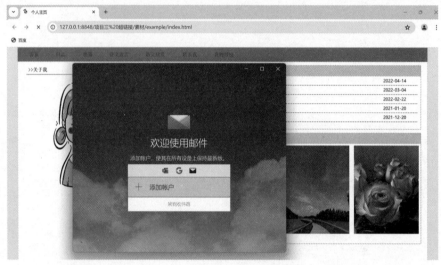

图 3 – 7　电子邮件链接预览效果

要注意的是，必须在邮箱地址前加"mailto"，才能创建电子邮件链接。

（5）文件下载超链接

该链接是指单击某个链接时会打开一个"文件下载"对话框（或自动启动下载工具），通过在该对话框中单击"打开"或"保存"按钮，即可打开或下载文件。其基本语法格式为：

```
< a href = "链接文件的路径" >下载文件链接 </a >
```

文件下载链接的设置和其他链接类似，主要区别在于所链接的文件不再是网页文件而是其他的如". exe"". doc"或". rar"等文件。如：为 sanwen. html 网页文档中朱自清后面的"download"设置文件下载链接（图 3 –8），以下载《荷塘月色》全文进行赏析。

（6）文本超链接

文本超链接是以文本作为超链接源端点的链接，其是网页中出现最多的链接形式。基本语法格式如下：

```
< a href = "目标端点" >链接文本 </a >
```

设置文本链接时，首先选择要创建链接的文本，然后针对该对象设置链接即可。示例 3 –1 中为"散文欣赏"设置内部链接的过程和设置文本链接的过程类似。

图 3 – 8 　设置下载链接

（7）图像超链接

图像超链接以图像作为超链接源端点。基本语法格式如下：

```
< a href = "目标端点" > < img src = "图像文件路径" > < /a >
```

设置图像链接与设置文本链接相似，主要区别在于所选的对象不一样。设置图像链接时，所选的对象为网页中的某图像。

（8）图像热点超链接

图像热点超链接也称为图像映射，就是使用热点工具将一张图像划分成多个区域，并以这些区域作为源端点分别设置链接。因此，在设置图像热点链接之前，需要利用热点工具在图像上选择某区域，再为所选区域设置链接。

在 index. html 页面的"相册"处利用热点工具选择图中的小岛，并为其设置链接，如图 3 – 9 所示。

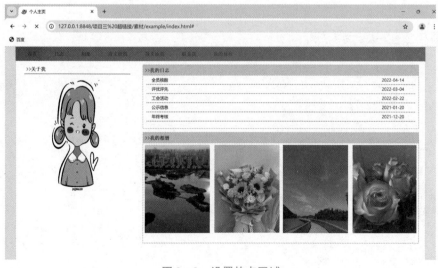

图 3 – 9 　设置热点区域

【示例 3 - 5】实现热点区域设置。

```html
<!DOCTYPE html>
<html>
    <head>
        <meta charset = "utf - 8">
        <title>个人主页</title>
        <link href = "s3.css" rel = "stylesheet" type = "text/css">
    </head>
    <body>
        <div id = "box">
            <header>
                <div id = "menu">
                    <nav>
                    <a href = "#" class = "selected">首页</a><a href = "#">日志</a>
                        <a href = "#">相册</a><a href = "#">诗文欣赏</a>
                        <a href = "#">散文欣赏</a>
                        <a href = "#">联系我</a><a href = "#">我的母校</a>
                    </nav>
                </div>
            </header>
            <div id = "content">
                <div id = "left">
                    <h1>&gt;&gt;关于我</h1>
                    <div align = "center"></div>
                    <p align = "center"><img src = "images/me.jpg" width = "220"
height = "330"></p></div>
                    <div id = "right">
                        <div id = "rizhi">
                            <h2>&gt;&gt;我的日志</h2>
                            <ul>
                                <li><a href = "#"><span class = "newTime">2022 - 04 -
14</span>全员核算</a></li>
                                <li><a href = "#"><span class = "newTime">2022 - 03 -
04</span>评优评先</a></li>
                                <li><a href = "#"><span class = "newTime">2022 - 02 -
22</span>工会活动</a></li>
                                <li><a href = "#"><span class = "newTime">2021 - 01 -
20</span>公示信息</a></li>
                                <li><a href = "#"><span class = "newTime">20021 - 12 -
20</span>年终考核</a></li>
                            </ul>
                        </div>
                        <div id = "xiangce">
                            <h2>&gt;&gt;我的相册</h2>
                            <img src = "images/1.jpg" width = "215" height = "285" border =
"0" usemap = "#Map"><map name = "Map"><area shape = "rect" coords = "15,126,182,226"
href = "images/11.jpg"></map> /* 设置热点链接 */
                            <img src = "images/2.jpg" width = "215" height = "285"><img
src = "images/3.jpg" width = "215" height = "285"><img src = "images/4.jpg" width =
"215" height = "285">
```

```
                </div>
            </div>
            <div class = "clr" > </div>
        </div>
        <footer > 版权所有 &copy; 2022 -2023 </footer>
    </div>
</body>
</html>
```

在示例 3 - 5 中,第 44 ~ 46 行代码中 < map > </map > 标签的作用是定义带有可单击区域的图像映射。

默认状态下,系统为热点设置了空链接 "#"。可以参照前面的方法,像为普通文本和图像设置超链接一样,为热点设置超链接。此处给热点设置了链接到根目录下名为 11. jpg 的链接。运行效果如图 3 - 10 所示。

图 3 - 10 热点链接效果图

巩固提升

1. 任务要求

在了解超链接标签元素的基础上，掌握超链接在网站中的实际运用。图 3 – 11 所示为"江西机电职业技术学院"的通知公告页面，请利用本项目所学知识为该页面设置超链接。

图 3 – 11　通知公告页面

2. 任务实施

步骤1：分析网页结构。

通过图3－11可以看出，整个页面分为三个部分：导航部分、内容部分和底部。这三个部分都运用到了本项目所学的超链接知识。

步骤2：新建HTML文档。

利用Hbuilder新建一个HTML文件。

步骤3：添加网页元素。

根据步骤1中的分析结果，为内容部分设置超链接。核心代码如下所示：

```
<! -内容部分-- >
< div class = " main mainIn" style = " background - image: url (../../images/bg - 6.
jpg);" >
        < div class = "wp" >
            < div class = "sectionIn01 fix" >
                < div class = "sectionIn01 -col" >
                < h2 >新闻报道 < /h2 >
                < div class = "slideItem01" >
                < ul class = "slideNav01" >
< li class = "item " >
    < a href = "../xxyw.htm" class = "a1" title = "学校要闻" target = "_self" >学校要闻 < /
a > < /li >
< li class = "item on" >
    < a href = "../tzgg.htm" class = "a1" title = "通知公告" target = "_self" >通知公告 < /
a > < /li >
< li class = "item " >
    < a href = "../tpxw.htm" class = "a1" title = "图片新闻" target = "_self" >图片新闻 < /
a > < /li >
< li class = "item " >
    < a href = "../mtgz.htm" class = "a1" title = "媒体关注" target = "_self" >媒体关注 < /
a > < /li >
< li class = "item " >
    < a href = "../fzjj.htm" class = "a1" title = "发展聚焦" target = "_self" >发展聚焦 < /
a > < /li >
< li class = "item " >
    < a href = "../kyjs.htm" class = "a1" title = "科研竞赛" target = "_self" >科研竞赛 < /
a > < /li >  < /ul >
                    < /div > < /div >
                < div class = "sectionIn01 -cor" >
                    < div class = "slideCont01" > < script language = "javascript"
src = "/system/resource/js/centerCutImg.js" > < /script >
< script language = "javascript" src = "/system/resource/js/ajax.js" > < /script >
< ul class = "news - ls02" >
< li class = "item" id = "line_u9_0" >
    < div class = "wrap" >
        < div class = "date" >2024.01.02 < /div >
```

```
            < h4 class = "title" > < a href = "../info/1071/39581.htm" title = "喜报 | 我校学子
在第十八届"挑战杯"江西省大学生课外学术科技作品竞赛中喜获佳绩" > 喜报 | 我校学子在第十八届"挑战
杯"江西省大学生课外学术科技作品竞赛中喜获佳绩 </a > </h4 >
         </div > </li >
< li class = "item" id = "line_u9_1" >
      < div class = "wrap" >
            < div class = "date" >2023.11.24 </div >
            < h4 class = "title" > < a href = "../info/1071/38721.htm" title = "江西唯一！我
校入选2023年全国大学生暑期实践成果百强" > 江西唯一！我校入选2023年全国大学生暑期实践成果百
强 </a > </h4 >
         </div > </li >
< li class = "item" id = "line_u9_2" >
      < div class = "wrap" >
            < div class = "date" >2023.11.14 </div >
            < h4 class = "title" > < a href = "../info/1071/39071.htm" title = "我院教师荣获
2023年金砖国家职业技能大赛"工业4.0"赛项国际总决赛三等奖" > 我院教师荣获2023年金砖国家职业
技能大赛"工业4.0"赛项国际总决赛三等奖 </a > </h4 >
         </div > </li >
< li class = "item" id = "line_u9_3" >
      < div class = "wrap" >
            < div class = "date" >2023.10.24 </div >
            < h4 class = "title" > < a href = "../info/1071/38241.htm" title = "新突破！我校
教师荣获"学创杯"全国大学生创业综合模拟大赛全国一等奖！" > 新突破！我校教师荣获"学创杯"全国大
学生创业综合模拟大赛全国一等奖！ </a > </h4 >
         </div > </li >
< li class = "item" id = "line_u9_4" >
      < div class = "wrap" >
            < div class = "date" >2023.09.22 </div >
            < h4 class = "title" > < a href = "../info/1071/37941.htm" title = "全国一等奖！
我校学子在2023年全国大学生电子设计竞赛中取得新突破" > 全国一等奖！我校学子在2023年全国大学
生电子设计竞赛中取得新突破 </a > </h4 >
         </div > </li >
< li class = "item" id = "line_u9_5" >
      < div class = "wrap" >
            < div class = "date" >2023.08.28 </div >
            < h4 class = "title" > < a href = "../info/1071/39101.htm" title = "团体一等奖！
我校在第六届中国高校智能机器人创意大赛中取得突破" > 团体一等奖！我校在第六届中国高校智能机器
人创意大赛中取得突破 </a > </h4 >
         </div > </li >
< li class = "item" id = "line_u9_6" >
      < div class = "wrap" >
            < div class = "date" >2023.08.16 </div >
            < h4 class = "title" > < a href = "../info/1071/37071.htm" title = "团体一等奖！
我校在"徕卡杯"第十二届全国大学生金相技能大赛中再创佳绩" > 团体一等奖！我校在"徕卡杯"第十二届
全国大学生金相技能大赛中再创佳绩 </a > </h4 >
         </div > </li >
< li class = "item" id = "line_u9_7" >
```

```
        < div class = "wrap" >
            < div class = "date" >2023.08.07 < /div >
            < h4 class = "title" > < a href = "../info/1071/36821.htm" title = "我校在第十六
届"高教杯"全国大学生先进成图技术与产品信息建模创新大赛中荣获佳绩" >我校在第十六届"高教杯"全
国大学生先进成图技术与产品信息建模创新大赛中荣获佳绩 < /a > < /h4 >
        < /div > < /li >
< li class = "item" id = "line_u9_8" >
        < div class = "wrap" >
            < div class = "date" >2023.06.16 < /div >
            < h4 class = "title" > < a href = "../info/1071/34321.htm" title = "我校师生荣获
第七届江西省大学生金相技能大赛团体一等奖" >我校师生荣获第七届江西省大学生金相技能大赛团体一
等奖 < /a > < /h4 >
        < /div > < /li >
< li class = "item" id = "line_u9_9" >
        < div class = "wrap" >
            < div class = "date" >2023.06.10 < /div >
            < h4 class = "title" > < a href = "../info/1071/34341.htm" title = "我校在江西省
第五届"中教通杯" 大学生先进成图技术与产品信息建模创新大赛中喜获佳绩" >我校在江西省第五届"中
教通杯" 大学生先进成图技术与产品信息建模创新大赛中喜获佳绩 < /a > < /h4 >
        < /div > < /li >
< li class = "item" id = "line_u9_10" >
        < div class = "wrap" >
            < div class = "date" >2023.06.01 < /div >
            < h4 class = "title" > < a href = "../info/1071/34111.htm" title = "喜报|突破！我
校勇夺"第二届中国大学生健康校园大赛 AI 体能赛暨全国高等职业院校 AI 体能团体精英挑战赛"团体亚
军" >喜报|突破！我校勇夺"第二届中国大学生健康校园大赛 AI 体能赛暨全国高等职业院校 AI 体能团体
精英挑战赛"团体亚军 < /a > < /h4 >
        < /div > < /li >
< li class = "item" id = "line_u9_11" >
        < div class = "wrap" >
            < div class = "date" >2023.05.17 < /div >
            < h4 class = "title" > < a href = "../info/1071/35141.htm" title = "我校荣获 2023
年全国职业院校技能大赛智能飞行器应用技术赛项团体三等奖" >我校荣获 2023 年全国职业院校技能大
赛智能飞行器应用技术赛项团体三等奖 < /a > < /h4 > < /div > < /li >
< li class = "item" id = "line_u9_12" >
        < div class = "wrap" >
            < div class = "date" >2023.04.03 < /div >
            < h4 class = "title" > < a href = "../info/1071/30491.htm" title = "优秀组织奖！
我校在中华经典诵写讲大赛中勇夺佳绩" >优秀组织奖！我校在中华经典诵写讲大赛中勇夺佳绩 < /a > < /
h4 > < /div > < /li >
< li class = "item" id = "line_u9_13" >
        < div class = "wrap" >
            < div class = "date" >2022.11.09 < /div >
            < h4 class = "title" > < a href = "../info/1071/35481.htm" title = "我校代表队在
江西省第十六届运动会足球赛中斩获佳绩" >我校代表队在江西省第十六届运动会足球赛中斩获佳绩 < /a
> < /h4 > < /div > < /li >
< li class = "item" id = "line_u9_14" >
```

```
< div class = "wrap" >
    < div class = "date" >2022.10.19 </div >
    < h4 class = "title" > < a href = "../info/1071/33241.htm" title = "我校学生荣获
2022 年全国职业院校技能大赛高职组"网络系统管理"赛项三等奖" >我校学生荣获 2022 年全国职业院校
技能大赛高职组"网络系统管理"赛项三等奖 </a > </h4 > </div > </li >
< li class = "item" id = "line_u9_15" >
    < div class = "wrap" >
    < div class = "date" >2022.09.02 </div >
    < h4 class = "title" > < a href = "../info/1071/30531.htm" title = "振奋! 我校学
子再创国赛佳绩" >振奋! 我校学子再创国赛佳绩 </a > </h4 > </div > </li >
< li class = "item" id = "line_u9_16" >
    < div class = "wrap" >
    < div class = "date" >2022.08.27 </div >
    < h4 class = "title" > < a href = "../info/1071/30471.htm" title = "喜报! 我校代
表队勇夺2022 年全国职业院校技能大赛高职组"工业机器人技术应用"赛项团体一等奖" >喜报! 我校代
表队勇夺2022 年全国职业院校技能大赛高职组"工业机器人技术应用"赛项团体一等奖 </a > </h4 >
</div > </li >
< li class = "item" id = "line_u9_17" >
    < div class = "wrap" >
    < div class = "date" >2022.08.23 </div >
    < h4 class = "title" > < a href = "../info/1071/33251.htm" title = "喜报! 我校电
气工程学院师生在全国工业和信息化技术技能大赛中喜获佳绩" >喜报! 我校电气工程学院师生在全国工
业和信息化技术技能大赛中喜获佳绩 </a > </h4 >
    </div > </li >
< li class = "item" id = "line_u9_18" >
    < div class = "wrap" >
    < div class = "date" >2022.06.22 </div >
    < h4 class = "title" > < a href = "../info/1071/30521.htm" title = "我校学子在第
十三届"蓝桥杯"全国软件和信息技术专业人才大赛软件类全国总决赛中喜获佳绩" >我校学子在第十三
届"蓝桥杯"全国软件和信息技术专业人才大赛软件类全国总决赛中喜获佳绩 </a > </h4 >
    </div > </li >
</ul >
< div class = "pb_sys_common pb_sys_normal pb_sys_style1" style = "margin - top:30px;
text - align:center;" > < span class = "p_pages" > < span class = "p_first_d p_fun_d" >首
页 </span > < span class = "p_prev_d p_fun_d" >上页 </span > < span class = "p_no_d" >1
</span > < span class = "p_next_d p_fun_d" >下页 </span > < span class = "p_last_d p_fun
_d" >尾页 </span > </span > < span class = "p_t" >共 1 页 </span > < span class = "p_t" >
第 </span > < span class = "p_goto" > < input type = "text" class = "p_goto_input"
maxlength = "10" id = "u9_goto" value = "1" onkeydown = "if( event. keyCode = = 13 ){_
simple_list_gotopage_fun(1,&quot;u9_goto&quot;,2)}" spellcheck = "false" > </span >
< span class = "p_t" >/1 页 </span > < span class = "p_goto" > < a href = "javascript:;"
onclick = "_simple_list_gotopage_fun(1,&quot;u9_goto&quot;,2)" >跳转 </a > </span >
</div >
                    </div >
                </div >
            </div >
        </div >
    </div >
```

任务 3.2 美化超链接网页

学习目标

知识目标：熟悉超链接伪类选择器，并掌握如何在 CSS 中设置链接伪类的链接状态。

能力目标：能够为网页中的链接设置样式。

素养目标：培养学生自主学习和专业实践等能力，为以后的学习、工作打下扎实基础。

建议学时

2 学时。

任务要求

本任务主要是熟悉超链接伪类选择器，并学会如何在 CSS 中设置链接伪类的样式。

学习本任务后，要求每位同学都能为网页中创建了链接的对象设置不同状态下链接的样式。

相关知识

超链接伪类

定义超链接时，为了提高用户的体验感，经常需要为超链接指定不同的状态，使得超链接在单击前、单击后和鼠标悬停时的样式不同。在 CSS 中，通过链接伪类可以实现不同的链接状态。

所谓伪类，并不是真正意义上的类，它的名称是由系统定义的，通常由标记名、类名或 id 加 "：" 构成。超链接标记 < a > 的伪类有 4 种，具体见表 3 – 3。

表 3 – 3　超链接标记 < a > 的伪类

超链接标记 < a > 的伪类	含义
a:link{CSS 样式规则;}	未访问时超链接的状态
a:visited{CSS 样式规则;}	访问后超链接的状态
a:hover{CSS 样式规则;}	鼠标经过，悬停时超链接的状态
a:active{CSS 样式规则;}	鼠标单击不动时超链接的状态

表 3 – 3 中列出了超链接标记 < a > 的 4 种伪类，下面通过一个案例来做具体演示。

【示例 3 – 6】具体演示实现超链接标记 < a > 的 4 种伪类。

```
<!DOCTYPE html >
<html >
```

```
< head >
    < meta http - equiv = "Content - Type" content = "text /html; charset = utf - 8" />
    < title >链接伪类 < /title >
    < style type = "text/css" >
        <!—
        /*未访问时的样式 */
        a:link {
            color:#01154D;
            text - decoration:none;   /*清除超链接默认的下划线 */
        }
        /*访问后的样式 */
        a:visited {
            color:#01154D;
            text - decoration:none;
        }
        /*鼠标悬停时的样式 */
        a:hover {
            color:#CC00CC;
            text - decoration:underline;   /*鼠标悬停时出现下划线 */
        }
        /*鼠标单击不动时的样式 */
        a:active {
            color:#F00000;
            text - decoration:none;
        }
        -->
    < /style >
< /head >
< body >
    < table width = "600" border = "0" cellspacing = "0" cellpadding = "0" >
        < tr align = "center" >
            < td > < a href = "#" >学校首页 < /a > < /td >
            < td > < a href = "#" >学校概况 < /a > < /td >
            < td > < a href = "#" >校园文化 < /a > < /td >
            < td > < a href = "#" >产教融合 < /a > < /td >
        < /tr >
    < /table >
< /body >
< /html >
```

在上例中，通过链接伪类定义超链接不同状态的样式。需要注意的是，第 10 行代码用于清除超链接默认的下划线，第 20 行代码用于在鼠标悬停时为超链接添加下划线。运行效果如图 3 - 12 ~ 图 3 - 14 所示。其中，图 3 - 12 为未访问和访问后的链接样式，图 3 - 13 为鼠标悬停时的链接样式，图 3 - 14 为单击鼠标不动时的链接样式。

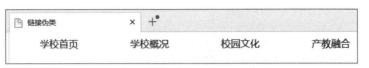

图 3 – 12　a：link 及 a：visited 的链接样式

图 3 – 13　a：hover 的链接样式

图 3 – 14　a：active 的链接样式

值得一提的是，在实际工作中，通常只需要使用 a：link、a：visited 和 a：hover 定义未访问、访问后和鼠标悬停时的链接样式，并且常常对 a：link 和 a：visited 应用相同的样式，使未访问和访问后的链接样式保持一致。

注意：

①同时使用链接的 4 种伪类时，通常按照 a：link、a：visited、a：hover 和 a：active 的顺序书写，否则定义的样式可能不起作用。

②除了文本样式之外，链接伪类还常常用于控制超链接的背景、边框等样式。

巩固提升

1. 任务要求

美化通知公告页面中的超链接。

2. 任务实施

步骤 1：清除"学校要闻、通知公告、图片新闻、媒体关注、发展聚焦、科研竞赛"超链接默认状态的下划线。

步骤 2：为"学校要闻、通知公告、图片新闻、媒体关注、发展聚焦、科研竞赛"设置鼠标悬停时的样式。背景颜色（#004096）、字体颜色（#fff）及悬停时加出现下划线。

步骤 3：为"学校要闻、通知公告、图片新闻、媒体关注、发展聚焦、科研竞赛"设置鼠标单击不动时的样式。背景颜色（#004096），字体颜色（#000）。

步骤 4：为"学校要闻、通知公告、图片新闻、媒体关注、发展聚焦、科研竞赛"设置未被访问和访问后的样式。字体颜色（#004096）。

核心代码如下所示：

```
.sectionIn01 fix .slideItem01 .slideNav01 li a：hover{
          background - color: #004096;
          color: #fff;
```

```
                text -decoration: underline;}
.sectionIn01 fix .slideItem01 .slideNav01 li a:active{
                background -color: #004096;
                color: #000;}
.sectionIn01 fix .slideItem01 .slideNav01 a:visited{
                color: #004096;}
.sectionIn01 fix .slideItem01 .slideNav01 a:link {
                color: #004096;}
```

项目四

表格类网页制作

项目导读

设计网站时，运用表格可以实现网页的精确排版和定位。通过表格类网页的项目学习，可以暂别粗糙页面的阶段，逐渐向标准化页面前进。在 DIV + CSS 布局方式出现之前，大部分网页是用表格进行布局和分类显示数据的。现在，表格在网页制作中的作用是显示、展示后台数据。表格运用得是否熟练在展示后台数据时显得很重要，不但可以使数据看起来更容易阅读，也可以让整个页面美观合理。学习利用表格的属性，根据自己的需求，可以设置相应的结构化的页面。例如：上下结构、左右结构等页面。从简单的页面结构入手，培养自己对页面设计的结构感。

学习目标

- 使用表格的基本结构实现简单表格。
- 使用表格相关标签实现跨行、跨列的复杂表格。
- 使用表格相关设置进行美化修饰。

职业能力要求

- 具有一定的表格基础知识。
- 熟悉表格的制作与美化。
- 具有良好的自主学习能力和职业素养，在学习和工作的过程中，能够灵活地解决实际问题。

项目实施

本项目包括使用表格的基本结构实现简单表格，使用表格相关标签实现跨行、跨列的复杂表格，使用表格相关设置进行美化修饰。通过每个详细知识点的案例以及巩固提升任务，介绍了表格的基本概念与常用标签，实现跨行、跨列的相关标签，针对表格进行美化修饰相关的 CSS 属性。

任务 4.1 制作简单表格

学习目标

知识目标：了解表格制作的基本标签，了解表格的定义和使用。

能力目标：能理解表格的 HTML 标签，能掌握表格的标签使用。

素养目标：培养学生的动手能力、自主学习能力。

建议学时

2 学时。

任务要求

在 HTML 文档中，广泛使用表格来存放网页上的文本和图像。要创建一个表格，只需要设置表格的行数和列数就可以了，非常简单。在网页中制作一个稍微复杂一点的表格，需要自定义表格的各项属性。网页设计中用来制作表格的标签有哪些？表格单元中能存放哪种类型的信息？如何在表格中合并横向和竖向的单元格？这些都是本任务需要学习的内容。

任务实施

本任务中的新闻列表是网页中最常见的模块，在没有学习 DIV + CSS 之前，可利用表格属性来嵌套完成新闻列表模块的布局。用 ul 无序列表做新闻列表，由于 ul 标签自带默认的属性，那么，在没有学习 CSS 的情况下，是没有办法清除这些默认样式的。利用表格中的行与列，可以完美地避开这个缺陷，来完成如图 4 – 1 所示的新闻列表的布局。

图 4 – 1　列表表格网页效果

步骤 1： 分析网页结构。

由图 4 – 1 可知：表格由 2 行 2 列组成，第 1 行标题进行了 2 列的合并；第 2 行左边单元格文字部分可以使用 ul 无序列表做新闻列表的制作，第 2 行右边单元格部分可以使用 img 标签进行图片插入。

步骤 2： 分析网页布局。

由效果图与步骤 1 中分析的结果可知：首先可以在页面中插入一个 2 行 2 列的表格，然后利用 colspan = 2 合并第 1 行的两个单元格，最后在第 2 行的左、右单元格中进行相关内容的插入。

步骤3：新建 HTML 文档。

制作一个网页，首先需要新建一个 HTML 文件。

步骤4：添加网页元素。

继续第 3 步，在新建的 HTML 文件中找到 < body > </ body > 标签，并向其中添加表格标签，具体代码如下所示：

```
<!DOCTYPE html >
<html >
    <head >
        <meta charset = "utf -8 " >
        <title >新闻列表表格 </title >
    </head >
    <body >
        <table border = "1" >
            <tr >
                <td colspan = "2" >
                    <h2 align = "center" >校园     生活 </h2 >
                </td >
            </tr >
            <tr >
                <td >
                    <font size = "4" >
                        <ul >
                            <li >学生资助管理中心 </li >
                            <li >心理健康与咨询中心 </li >
                            <li >法制教育工作室 </li >
                            <li >创新创业教育中心 </li >
                            <li >大学生军训教官团 </li >
                        </ul >
                    </font >
                </td >
                <td >
                    < img src = " img/school3. jpg " width = " 300px " height = "
210px" >
                </td >
            </tr >
        </body >
</html >
```

相关知识

1. 表格标签

表格在网页设计中占有很重要的地位。表格现在主要用来显示后台数据。与其他 HTML 元素一样，表格也是由标签组成的。

（1）表格主体标签 < table >

使用 < table > </table > 可以生成一个表格。 < table > </table > 标签对为表格的主体标签。表格其他组成元素，如行标签、单元格标签等都包含在其中。在代码

"80%" border = "1" cellspacing = "0" cellpadding = "0" > </table > 中，<table > 标签的相关属性和属性值代表表格的宽度为其父元素的 80%，表格边框粗细为 1 px，单元格边距以及单元格间距均为 0。表格主体标签属性见表 4 - 1。

表 4 - 1　表格主体标签属性

属性名	作用	属性值
border	设置表格的边框	像素
width	设置表格的宽度	像素
height	设置表格的高度	像素
align	设置表格的对齐方式	left|center|right
bgcolor	设置表格的背景颜色	预定义颜色值|#RGB|rgb( )
background	设置表格的背景图像	URL 地址
cellspacing	设置单元格与单元格之间的空白间距	默认为 2 像素
cellpadding	设置单元格与边框之间的空白间距	默认为 1 像素

（2）<tr > 行标签

<tr > </tr > 标签对是表格的行标签。表格有多少行，就会有多少个 <tr > </tr > 标签对。每行中可以包含多个单元格。行标签 <tr > 还可以设置表 4 - 2 中的属性。

表 4 - 2　表格行标签属性表

属性名	作用	属性值
height	设置行的高度	像素
align	设置一行内容的水平对齐方式	left|center|right
valign	设置一行内容的垂直对齐方式	top|middle|bottom
bgcolor	设置行的背景颜色	预定义的颜色值|#RGB|rgb( )
background	设置行的背景图像	URL 地址

【示例 4 - 1】行标签使用。

```
<! DOCTYPE html >
<html >
    <head >
        <meta charset = "utf - 8" >
        <title >测试 </title >
```

```
    </head>
    <body>
        <table>
        <tr></tr>
        </table>
    </body>
</html>
```

预览后发现页面是空白的。浏览器显示的是每一个单元格，因此，还要在表格的行中设定单元格。

在学习 < tr > 的属性时，有以下几点需要注意：

- < tr > 标签没有办法设置宽度属性 width，其宽度直接取决于表格标签 < table >。
- 如果想要设置一行内容的垂直对齐方式，可以对 < tr > 标签应用 valign 属性。

（3） < td > 单元格标签

微视频 4-1

< td > </td > 标签对称为表格的单元格标签，其包含在 < tr > </tr > 标签对中。单元格用于存放表格要显示的内容，这些内容位于 < td > </td > 标签对之间，可以是任意的 HTML 内容。在表格的一行中可以包含多个单元格。

【示例 4-2】 单元格标签使用。

```
<!DOCTYPE html>
<html>
    <head>
        <meta charset = "utf-8">
        <title></title>
    </head>
    <body>
        <table>
        <tr>
        <td>1</td>
        <td>2</td>
        </tr>
        </table>
    </body>
</html>
```

添加了两个单元格，并设置内容为 1 和 2。保存并预览，如图 4-2 所示。

图 4-2　单元格标签使用效果

109

学习 < td > 的属性时，需要注意以下几点：

● 需重点掌握 < td > 标签的 colspan 和 rolspan 属性，其他属性不建议使用，以后均可用 CSS 样式属性替代，了解即可。

● 如果该行中的所有单元格以设置的宽度显示，可以对某一个 < td > 标签应用 width 属性设置宽度。

● 如果该列中的所有单元格以设置的高度显示，可以对某一个 < td > 标签应用 height 属性设置高度。

2. 合并和拆分单元格

（1）水平跨度 colspan

语法：< td colspan = 跨的列数 >

在复杂的表格结构中，会发现单元格是跨多个列的，可以使用单元格水平跨度。跨的列数就是这个单元格所跨列的个数，也可以说是单元格向右合并的单元格个数。

（2）垂直跨度 rowspan

语法：< td rowspan = 跨的行数 >

单元格除了能够在水平方向上跨列外，还能在垂直方向上跨行。跨行设置需要使用 rowspan 参数。与水平跨度相对应，rowspan 设置的是单元格在垂直方向上跨行的个数，也可以说是单元格向下合并的单元格个数。

注意：

● 合并单元格的顺序和步骤遵循从上到下、从左到右。

● 先确定是跨行还是跨列。

● 根据先上后下、先左后右的原则，找到目标单元格，然后写上合并方式和合并单元格的个数，删除多余的单元格。

3. < marquee > 标签属性

marquee 标签是 HTML 标签中创建文字滚动的标签，接下来学习 marquee 标签的重要属性。

①direction：滚动方向。

其中包括 4 个值：up、down、left、right。up：从下向上滚动；down：从上向下滚动；left：从右向左滚动；right：从左向右滚动。

语法：< marquee direction = "滚动方向" > …… </ marquee >

②behavior：滚动方式（ ）。

其中包括 3 个值：scroll、slide、alternate。scroll：循环滚动，默认效果；slide：只滚动一次就停止；alternate：来回交替进行滚动。

语法：< marquee behavior = "滚动方式" > …… </ marquee >

③scrollamount：滚动速度。

其中的滚动速度以像素为单位，设置的是每次滚动时移动的长度。

语法：< marquee scrollamount = "5" > … </ marquee >

④scrolldelay：设置滚动的时间间隔，单位是毫秒。

用来设定滚动两次之间的延迟时间，值不能太大，否则会有一步一停顿的效果。

语法：< marquee scrolldelay = "100" > … < /marquee >

⑤loop：设定滚动循环的次数。

默认滚动会不断地循环下去，初始值是 – 1；

语法：< marquee loop = "2" > … < /marquee >

< marquee loop = " – 1" bgcolor = "#cccccc" >我会循环,会不停地滚。< /marquee >

< marquee loop = "3" bgcolor = "#cccccc" >我会滚三次。< /marquee >

⑥width、height：用来设定滚动字幕的宽度、高度。

语法：< marquee width = "600" height = "300" > … < /marquee >

在学习 JS 之前，可以采用移动图片的案例来完成简单的广告轮播图效果，如图 4 – 3
所示。

图 4 – 3　利用移动图片实现简单的广告轮播图效果

步骤 1：新建表格，将图片进行排版布局。

步骤 2：为达到图片移动效果，使用移动标签 marquee。

【示例 4 – 3】 移动图片。

```
< !DOCTYPE html >
    < html >
        < head >
            < meta charset = "utf – 8" >
            < title > < /title >
        < /head >
        < body >
            < table border = "0" width = "400" height = "300" >
                < tr >
                    < td >
                        < marquee >
                        < img src = "img/school1.jpg" width = "400" height = "
300"/>
```

```
                    < img src = "img/school2.jpg" width = "400" height = "
300"/>
                    < img src = "img/school3.jpg" width = "400" height = "
300"/>
                    </marquee>
                </td>
            </tr>
        </table>
    </body>
</html>
```

4. 表格表头单元格的设置

< th > 和 < td > 都代表单元格，唯一区别就在于 < th > 把单元格内容变为粗体并居中对齐。

【示例 4 - 4】 表格表头单元格的设置。

步骤 1：新建表格，将图片进行排版布局，效果如图 4 - 4 所示。

步骤 2：为达到效果，在 < body > < /body > 标签中书写以下代码：

姓名	性别
张三	男
李四	女

图 4 - 4　表头单元
格设置效果

```
<! DOCTYPE html >
< html >
    < head >
        < meta charset = "utf - 8" >
        < title > < /title >
    < /head >
    < body >
        < table width = "200" cellpadding = "10" cellspacing = "0" border = "1" >
            < tr bgcolor = "#ffffff" >
                < th > 姓名 < /th >
                < th > 性别 < /th >
            < /tr >
            < tr bgcolor = "#ffffff" >
                < td > 张三 < /td >
                < td > 男 < /td >  < /tr >
            < tr bgcolor = "#ffffff" >
                < td > 李四 < /td >
                < td > 女 < /td >
            < /tr >
        < /table >
    < /body >
</html >
```

5. 设置表格标题

表格标题就像文章的题目一样，是对表格的说明。可以使用 < caption > 标签完成，如图 4 - 5 所示。

【示例 4 - 5】 表格标题的设置。

学员性别表

姓名	性别
张三	男
李四	女

图 4 - 5　表格标题
设置效果

```
<!DOCTYPE html >
<html >
    <head >
        <meta charset = "utf - 8" >
        <title > </title >
    </head >
    <body >
        <table width = "200" cellpadding = "10" cellspacing = "0" border = "1" >
            <caption valign = "bottom" align = "right" > 学 员 性 别 表
            </caption >
            <tr bgcolor = "#ffffff" >
                <th >姓名 </th >
                <th >性别 </th >
            </tr >
            <tr bgcolor = "#ffffff" >
                <td >张三 </td >
                <td >男 </td >
            </tr >
            <tr bgcolor = "#ffffff" >
                <td >李四 </td >
                <td >女 </td >
            </tr >
        </table >
    </body >
</html >
```

注意：

- caption 元素定义表格标题，通常用于这个标题会被居中显示在表格之上。
- caption 标签只有存在于表格中才有意义，必须跟在 table 标签之后。

任务4.2　美化表格页面

学习目标

　　知识目标：了解使用 CSS 设置表格或单元格颜色的方法。

　　　　　　　了解使用 CSS 设置表格或单元格大小和边框的方法。

　　　　　　　了解使用 CSS 设置网页元素的内边距和外边距的方法。

　　能力目标：会使用表格相关设置进行美化修饰。

　　　　　　　会使用 CSS 控制表格。

　　　　　　　能掌握 CSS3 新增边框属性的使用方法。

　　素养目标：培养学生的动手能力、自主学习能力。

建议学时

　　2 学时。

任务要求

在实现复杂表格之后，如何使用表格相关设置进行美化修饰？如何使用 CSS 控制表格？如何使用 CSS3 新增边框属性？这些都是本任务需要学习的内容。

任务实施

步骤1：新建空白网页 table.html，添加一个 7 行 2 列的表格；确定跨行跨列的单元格：第 1 行的 2 列单元格进行合并，用来存放标题图片；第 2 行第 1 列单元格跨 6 行，进行标题的合并。

【示例 4-6】美化表格。

```
<!DOCTYPE html >
<html >
    <head >
        <meta charset = "utf -8" >
        <title >表格 </title >
    </head >
    <body >
        <table border = "1" >
        <tr >
            <td colspan = "2" > </td >
        </tr >
        <tr >
            <td rowspan = "6" >媒体关注 </td > <! --2 行 1 列单元格跨 6 行 -- >
            <td > <a href = "item1.html" > "三链三融"打造产教融合人才培养高地 </a >
</td >
        </tr >
        <tr >
            <td > <a href = "item2.html" > 江西省网络和数据安全行业产教融合共同体成立
</a > </td >
        </tr >
        <tr >
            <td > <a href = "item3.html" > 江西机电职业技术学院赣江新区校区即将启用
</a > </td >
        </tr >
        <tr >
            <td > <a href = "item4.html" > 我校入选中部及东北部地区高职院校产教融合卓越
校 50 强 </a > </td >
        </tr >
        <tr >
            <td > <a href = "item5.html" > 江西机电职院荣获 2 项省级教学成果奖 </a >
</td >
        </tr >
        <tr >
```

```
        <td> <a href = "item6.html" > 江西机电职院:爱心助学 新春送温暖 </a >
</td >
        </tr >
        </table >
</body >
</html >
```

未美化的表格页面效果如图 4 –6 所示。

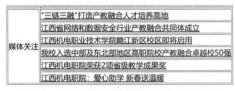

图 4 – 6 未美化的表格页面效果

步骤 2：接下来新建文件 table. css，并在文件 table. css 中为表格内容设置简单样式。

```
* {
    padding:0;
    margin:0;
    font - size:16px;
}
body{
    background - color:#f5f5f5;
}
a:link,a:visited{
    font - size:16px;
    color:#09F;
    text - decoration:none;
    }
a:hover, a:active{
    font - size:16px;
    color:#f90;
    text - decoration:none;
    }
```

步骤 3：在 table. html 的 head 标签对中添加外部链接样式语句 < link href = "css/ table. css" rel = "stylesheet" type = "text/css" /> 将 CSS 文件夹中的 table. css 链接起来。插入图片进行修饰：< img src = "img/school1. jpg" width = "600" height = "260"/ > ，如图 4 –7 所示。

步骤 4：修改以下样式语句 < table align = "center" width = "600" height = "400" border = "5" bordercolor = "#5DADE2" cellspacing = "0" > ；再在 table. css 文件中写入以下样式代码：

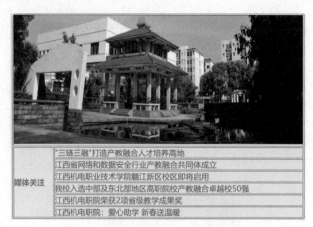

图 4 - 7　插入标题图片的表格页面效果

```
table {
        border - collapse:collapse ;
        box - shadow:10px 10px 5px #888888;
    }
```

　　步骤 5：保存网页，预览效果，如图 4 - 8 所示，表格的右下角带有阴影。

图 4 - 8　美化后的表格效果

【**示例 4 - 7**】修改示例 4 - 6。

```
<!DOCTYPE html >
<html >
    <head >
        <meta charset = "utf - 8 " >
        <title >表格 </title >
        <link href = "css/table.css" rel = "stylesheet" type = "text/css" />
    </head >
    <body >
        <table align = "center" width = "600" height = "400" border = "5" bordercolor
= "#5DADE2" cellspacing = "0" > <!--增加相关样式-- >
```

```
        <tr>
            <td colspan="2" valign="top">
                <img src="img/school1.jpg" width="600" height="260"/>
            </td>
        </tr>
        <tr>
            <td rowspan="6"><font color="#5DADE2"><b>媒体关注</b></font></td><!--2行1列单元格跨6行-->
            <td><a href="item1.html">"三链三融"打造产教融合人才培养高地</a></td>
        </tr>
        <tr>
            <td><a href="item2.html">江西省网络和数据安全行业产教融合共同体成立</a></td>
        </tr>
        <tr>
            <td><a href="item3.html">江西机电职业技术学院赣江新区校区即将启用</a></td>
        </tr>
        <tr>
            <td><a href="item4.html">我校入选中部及东北部地区高职院校产教融合卓越校50强</a></td>
        </tr>
        <tr>
            <td><a href="item5.html">江西机电职院荣获2项省级教学成果奖</a></td>
        </tr>
        <tr>
            <td><a href="item6.html">江西机电职院:爱心助学 新春送温暖</a></td>
        </tr>
        </table>
    </body>
</html>
```

修改后的 table. css 代码如下：

```
*{
    padding:0;
    margin:0;
    font-size:16px;
}
body{
```

```
    background-color:#f5f5f5;
}
a:link,a:visited{
    font-size:16px;
    color:#09F;
    text-decoration:none;
    }
a:hover, a:active{
    font-size:16px;
    color:#f90;
    text-decoration:none;
    }
table {
        border-collapse:collapse ;
        box-shadow:10px 10px 5px #888888;
    }
```

相关知识

1. 表格或单元格颜色的 CSS 设置

单元格内的文字颜色，以及表格或单元格背景的 CSS 设置方法与设置文字颜色和网页元素背景的方法相同。例如，可以使用 color 属性设置单元格内的文字颜色；设置单元格、行或表格背景颜色可以使用 background-color 属性；设置表格、行或单元格背景图片可以使用 background-image 属性。

2. 表格或单元格大小和边框的 CSS 设置

表格或单元格大小和边框等的 CSS 设置方法，与之前学习的设置图片和其他块元素的方法相同。例如，设置整个表格或单元格宽度可以使用 width 属性；设置整个表格或行的高度可以使用 height 属性；设置表格或单元格的边框可以使用 border 属性。如果有以下代码：table{ border:1px solid red;}，表示设置整个表格的边框粗细为 1 像素，实线，红色。需要注意的是，如果使用 CSS 只设置了表格 <table> 标签的边框，则设置的是整个表格的外边框，此时各单元格并不会受到影响，因此还需要单独为单元格设置相应的边框。

3. 网页元素的内边距和外边距的 CSS 设置

margin 属性用来设置元素的外边距，即元素与其他相邻元素之间的间距；padding 属性用来设置元素的内边距（也称填充），即元素内容与元素边框之间的间距。margin 和 padding 属性的使用方法相同，可用来分别设置元素的上、右、下、左外边距和内边距，见表 4-3。

表 4-3　表格的内边距和外边距属性表

填充属性（padding）	作用	外边距属性（margin）	作用
padding-left	左边内边距	margin-left	左边外边距
padding-right	右边内边距	margin-right	右边外边距

续表

填充属性（padding）	作用	外边距属性（margin）	作用
padding – top	上方内边距	margin – top	上方外边距
padding – bottom	下方内边距	margin – bottom	下方外边距

也可不在 margin 和 padding 属性后面加 left、right、top 和 bottom 后缀，而直接在 margin 和 padding 后输入属性值，并用空格隔开。

①如果提供全部 4 个参数值，采用的是顺时针方向，将按上、右、下、左的顺序作用于四边。

②如果只提供 1 个参数值，将用于全部的四边。

③如果提供 2 个参数值，第 1 个用于上、下，第 2 个用于左、右。

④如果提供 3 个参数值，第 1 个用于上，第 2 个用于左、右，第 3 个用于下。

微视频 4 – 2

下面以 margin 为例说明，见表 4 – 4。

表 4 – 4　margin 示例

示例	说明
margin：2px 3px 4px 5px；	设置上边距为 2 像素、右边距为 3 像素、下边距为 4 像素、左边距为 5 像素（采用的是顺时针方向）
margin：2px；	设置上、下、左、右的外边距为 2 像素
margin：2px 4px；	设置上、下边距为 2 像素，左、右边距为 4 像素
margin：2px 4px 3px；	设置上边距为 2 像素，左、右边距为 4 像素，下边距为 3 像素

margin 和 padding 属性的属性值类型见表 4 – 5。

表 4 – 5　margin 和 padding 属性的属性值类型

属性值	作用
auto	使用此属性值时，在某些情况下会将元素或元素内容居中对齐，让浏览器自动计算边距
length	默认值是 0，使用具体的数值和单位设置边距，如 px（像素）、cm（厘米）等单位
%	以父元素宽度的百分比计算边距
inherit	从父元素继承边距

4. 使用 CSS 进行表格边框合并

假设使用 CSS 设置单元格边框时为每个单元格都设置边框宽度为 1 px，那么当两个单元格相邻的时候，相邻边的边框宽度实际上是 1 px + 1 px = 2 px。为避免此情况发生，或为了避免单元格之间出现空隙，可使用 border – collapse 属性将表格相邻的边框合并。

（1）语法

```
border - collapse:separate | collapse
```

设置是否把表格边框合并为单一的边框。

（2）取值

separate：默认值，边框独立。

collapse：相邻边被合并。

inherit：从父元素继承 border – collapse 属性的值。

例：

```
table { border - collapse:collapse; }
table, td { border:1px solid grey; }
```

5. CSS3 新增边框属性的使用

（1）border – radius 属性

在网页设计中，经常需要设置圆角边框，运用 CSS3 中的 border – radius 属性可以将矩形边框圆角化。

其基本语法格式如下：

```
border - radius:
[ < length > ] | [ < percentage]{1,4}[ / [ < length > ] | [ < percentage]{1,4}]
```

注释：

< length >：用长度值设置对象的圆角半径长度，不允许为负值。

< percentage >：用百分比设置对象的圆角半径长度，不允许为负值。

说明： 设置对象使用圆角边框。提供 2 个参数，2 个参数以 "/" 分隔，每个参数允许设置 1~4 个参数值，第 1 个参数表示水平半径，第 2 个参数表示垂直半径，如果第 2 个参数省略，则默认等于第 1 个参数。

水平半径：

• 如果提供全部 4 个参数值，将按上左（top – left）、上右（top – right）、下右（bottom – right）、下左（bottom – left）的顺序作用于四个角。

• 如果只提供 1 个，将用于全部的四个角。

• 如果提供 2 个，第 1 个用于上左（top – left）、下右（bottom – right），第 2 个用于上右（top – right）、下左（bottom – left）。

• 如果提供 3 个，第 1 个用于上左（top – left），第 2 个用于上右（top – right）、下左（bottom – left），第 3 个用于下右（bottom – right）。

垂直半径也遵循以上 4 点。

示例： 4 个属性值，分别表示左上角、右上角、右下角、左下角的圆角大小（采用顺时针方向）。

```
border - radius:10px 20px 30px 40px;
```

等价于：

```
border - top - left - radius:10px;
border - top - right - radius:20px;
border - bottom - right - radius:30px;
border - bottom - left - radius:40px;
```

特别要注意的是，如果边框需要设置圆角，那么在设置了 border - collapse:collapse 之后，border - radius:10 px 就不起作用了。这是 CSS 本身的问题，两者不能混在一起使用。

（2）box - shadow 属性

运用 CSS3 中的 box - shadow 属性可以设置对象的阴影，其基本语法格式如下：

```
box - shadow:none | < shadow > [ , < shadow > ]* < shadow > = inset&& < length >{2, 4} && < color >
```

默认值：none，无阴影。

< length >①：第 1 个长度值用来设置对象的阴影水平偏移值，可以为负值。

< length >②：第 2 个长度值用来设置对象的阴影垂直偏移值，可以为负值。

< length >③：如果提供了第 3 个长度值，则用来设置对象的阴影模糊值，不允许负值。

< length >④：如果提供了第 4 个长度值，则用来设置对象的阴影外延值，可以为负值。

< color >：设置对象的阴影的颜色。

inset：设置对象的阴影类型为内阴影。该值为空时，则对象的阴影类型为外阴影。

6. 设置表格、单元格背景颜色

给整个表格或每一行设置背景颜色，也可以对单元格设置背景颜色，还可以对表格边框设置背景颜色，如图 4 - 9 所示。

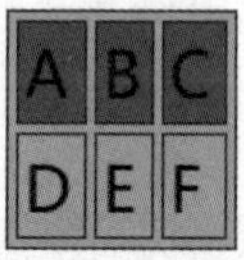

图 4 - 9 表格背景颜色设置效果

【示例 4 - 8】表格背景颜色设置。

```
<!DOCTYPE html >
<html >
    <head >
        <meta charset = "utf - 8" >
        <title > </title >
    </head >
    <body >
        <table width = "60" height = "60" border = "1" bordercolor = "purple"
bgcolor = "pink" >
            <tr bgcolor = "gray" >
                <td > A </td >
                <td > B </td >
```

```
            <td> C </td>
        </tr>
        <tr>
            <td bgcolor = "pink" > D </td>
            <td bordercolor = "purple" > E </td>
            <td bgcolor = "pink" > F </td>
        </tr>
        </table>
    </body>
</html>
```

对整个表格设置属性,如高度、长度、边框、表格背景颜色、边框背景颜色等要放在 <table> 标签内,相应地,行、单元格的属性设置也要放在 <tr> 、<td> 标签内。观察图 4-9 后可以发现:整个表格有一个大边框;每个单元格也有边框;表格边框与单元格边框颜色都可以调整;单元格与单元格之间有间距;单元格与单元格之间的间距颜色和表格背景颜色一致;单元格内文字与单元格边框之间可以有距离。

另外,也可以指定表格、行、单元格的背景图片,使用的是 background = "图片路径",这和设置网页背景图像是一致的。

巩固提升

DIV + CSS 布局方式出现之前,网页的精确排版和定位也可以运用表格来实现。表格在网页设计中可以用来进行布局和分类显示数据。本任务通过制作如图 4-10 所示的效果让大家了解利用表格布局的相关内容,制作步骤如下:

图 4-10 新闻网页效果图

步骤 1:分析网页结构。

由图 4-10 可知,最外层表格由 1 行 2 列组成,第 1 行第 1 列标题为"重要新闻",第 1 行第 2 列标题为"学校要闻"。"重要新闻"部分可以使用 img 标签进行图片插入,"学校要闻"部分可以使用表格进行新闻列表的制作。

步骤 2:新建 HTML 文档。

首先需要利用 HBuilder 新建一个 HTML 文件。

步骤3：添加网页元素，完成新闻网页的表格内容。

根据步骤1中的分析结果，向＜body＞＜/body＞标签中添加指定标签，具体代码如下：

```
<!DOCTYPE html >
<html >
    <head >
        <meta charset = "utf -8 " >
        <title > </title >
    </head >
    <body >
        <table width = "1000" align = "center" cellspacing = "0" cellpadding = "0" >
            <tr >
                <td width = "400" valign = "top" >
                    < table width = " 400" cellspacing = " 0" cellpadding = " 0"
border = "1" >
                        <tr height = "60" >
                            <td >
                                  重要新闻
                            </td >
                        </tr >
                        <tr >
                            <td >
                                < img src = "img/ban1.jpg" width = "400" height
= "292"/>
                            </td >
                        </tr >
                </table >
            </td >
            <td width = "600" valign = "top" >
            <table width = "560" align = "right" cellspacing = "0" cellpadding = "0"
height = "360" border = "1" >
            <tr height = "60" >
                <td >  <b >学校要闻 </b > </td >
            </tr >
            <tr >
              <td >
                < table width = " 560" align = " center" cellspacing = " 0"
cellpadding = "0" >
                    <tr height = "30" >
                    <td valign = "top" >  抢先看！江西机电职业技术学院赣江新区
校区即将启用
                    </td >
                    </tr >
            <tr height = "30" >
                <td >  喜报！特等奖！我校荣获2项省级教学成果奖
                </td >
            </tr >
            <tr height = "30" >
```

```
            <td >  喜报！我校在2023年江西省青少年模拟政协提案征集活动中喜
获佳绩
                </td >
            </tr >
            <tr height = "30" >

                <td >  喜报！学校案例成功入选工信部2023年产教融合专业合作建设
优秀案例
                </td >
            </tr >
            <tr height = "30" >
                <td >  重磅！我校成功入选第三批国家级职业教育教师创新团队立项建
设单位
                </td >
            </tr >
            <tr height = "30" >
                <td >  喜报！我校入选第二批全国学校急救教育试点学校
                </td >
            </tr >
            <tr height = "30" >
                <td >  重磅！全国汽车装备制造行业产教融合共同体正式成立
                </td >
            </tr >
            <tr height = "30" >
                <td >  首次！我校入选中部及东北部地区高职院校产教融合卓越校
50强！
                </td >
            </tr >
        </table >
        </td >
        </tr >
        </table >
        </td >
        </tr >
        </table >
        </body >
</html >
```

任务4.3　使用 CSS 设计综合型表格类网页

学习目标

知识目标：能学会表格布局和整个表格网页的制作流程。

能力目标：能学会使用 CSS 设计综合型表格类网页。

素养目标：培养学生的动手能力、自主学习能力。

建议学时

2 学时。

任务实施

使用之前所学的 Web 前端开发的知识，设计一个综合型表格类网页。根据网页整体结构，可以将网页划分成如图 4-11 所示的几个部分。头部放置网页 logo 及横向菜单栏，主页为网页内容部分，底部放置两个超链接。接下来就可以通过 HTML 填充内容，采用表格布局和 CSS 进行修饰美化。

①掌握表格布局。

②掌握网页制作流程。

③会根据网页整体架构将网页进行模块化拆分。

首先进行网页布局结构的分析：

通过效果图 4-11 可知，网页可以由 3 个表格组成：

图 4-11　综合型表格类网页整体效果图

第一个为网页头部表格，该表格包含学校名称图片以及导航栏表格。导航栏表格中又包含"网站菜单""快速通道""校内站点""通知公告""站内搜索"。

第二个为网页主体表格，其主要包含主页 banner 图、学校要闻、具体新闻图片及文字描述。

第三个为网页页脚表格，该表格包含学校 logo 图片、版权信息文字、学校微信图片。

接下来分析网页布局：

通过效果图与步骤 1 中结果可知，网页中采用表格布局方式，即表格布局排版。在此基础上，仅需利用表格的行与列、表格的嵌套即可达到图 4-11 所示效果。

步骤1：制作网页头部，如图 4 – 12 所示。

网站菜单　　　　快速通道　　　　校内站点　　　　通知公告　　　　站内搜索

图 4 – 12　网页头部效果图

①在 D 盘新建一个名为"表格类网页"的文件夹，在此文件夹下新建名为"img"、"css"的子文件夹，用来存放图片和样式文件。

②打开 HBuider X，新建一个默认的 HTML 文档。

③在 < title > 与 </title > 标签之间输入文档标题，这里设置为"网页头部"。

④在 < body > 与 </body > 之间添加主体内容如下：

```
<!DOCTYPE html >
<html >
    <head >
        <meta charset = "utf - 8" >
        <title > </title >
    </head >
    <body >
        <!--网页头部表格开始-->
        <table width = "100%" height = "60" cellspacing = "0" cellpadding = "0"
bgcolor = "#cccccc" >
            <tr >
                <td bgcolor = "#004a96" align = "center" >
                    <img src = "img/logo.png" width = "370" height = "60" >
                </td >
                <td >
                    < table width = "800" align = "center" height = "60"
cellspacing = "0" cellpadding = "0" >
                        <tr align = "center" >
                            <td > <a href = "sitemenu.html" > 网站菜单 </a > </td >
                            <td > <a href = "fasttrack.html" >快速通道 </a > </td >
                            <td > <a href = "site.html" >校内站点 </a > </td >
                            <td > <a href = "notice.html" >通知公告 </a > </td >
                            <td > <a href = "search.html" >站内搜索 </a > </td >
                        </tr >
                    </table >
                </td >
            </tr >
        </table >
    </body >
</html >
    <!--网页头部表格结束-->
```

⑤选择"文件"→"保存"/"另存为"选项（或者按快捷键 Ctrl + S），在"另存为"对话框中将文件命名为 index. html，选择保存到 D 盘文件夹下即可。

⑥在浏览器中运行 index. html。

步骤2：制作网页主体，如图 4 – 13 所示。

学校要闻　　　　　　　　　　　　　　　　　　　　　　　　MORE+

我校入选中部及东北部地区高职院校产教融合　　　喜报！特等奖！江西机电职院荣获2项省级教学　　　学校案例成功入选工信部2023年产教融合专业
卓越校50强！　　　　　　　　　　　　　　　　成果奖　　　　　　　　　　　　　　　　　合作建设优秀案例

图 4 - 13　网页主体效果图

①打开 D 盘名为"表格类网页"的文件夹。

②打开名字为 index. html 的文档。

③在 </body > 的前面一行添加主体内容如下：

```
            <!--网页主体表格开始-->
 <table width = "100% " align = "center" cellspacing = "0" cellpadding = "0" >
     <tr >
         <img src = "img/ad.gif" width = "100% " height = "300" >
     </tr >
     <tr >
     <table width = "1000" height = "60" align = "center" cellspacing = "2 "
cellpadding = "12" >
         <tr height = "60" >
             <td colspan = "2" >学校要闻 </td >
             <td width = "90" align = "right" >
                 MORE +
             </td >
         </tr >
         <tr align = "center" >
         <td >
             <img src = "img/news1.png" width = "330" height = "300" >
         </td >
         <td >
             <img src = "img/news2.jpg" width = "330" height = "300" >
         </td >
         <td >
             <img src = "img/new3.png" width = "330" height = "300" >
         </td >
     </tr >
     <tr align = "center" >
```

```
            <td>
                我校入选中部及东北部地区高职院校产教融合卓越校50强!
            </td>
            <td>
                喜报!特等奖!江西机电职院荣获2项省级教学成果奖
            </td>
            <td>
            学校案例成功入选工信部2023年产教融合专业合作建设优秀案例
            </td>
            </tr>
        </table>
    </tr>
</table>
<!--网页主体表格结束-->
```

④选择"文件"→"保存"/"另存为"选项（或者按快捷键 Ctrl + S），在"另存为"对话框中将文件命名为 index. html，选择保存到 D 盘"表格类网页"的文件夹下即可。

⑤在浏览器中运行 index. html。

步骤3：制作网页底部，如图4-14所示。

江西机电职业技术学院©版权所有
地址：中国-江西-南昌市昌北经济开发区枫林大道168号（下罗校区）／南昌市青云谱区迎宾北大道459号（青云谱校区）

图4-14 网页底部效果

①在 D 盘名为"表格类网页"的文件夹下打开文档 index. html。

②在</body>之前添加主体内容如下：

```
            <!--网页页脚表格开始-->
    <br/>
    <br/>
    <table width = "100%" align = "center" cellspacing = "0" cellpadding = "0"
height = "100">
        <tr width = "100%">
            <td>
                <img src = "img/weixin.jpg" width = "100" height = "100" align =
right>
            </td>
            <td  align = "center">
                <p>江西机电职业技术学院 &copy;版权所有 <br>
            地址:中国 - 江西 - 南昌市昌北经济开发区枫林大道168号(下罗校区)/南昌市青
云谱区迎宾北大道459号(青云谱校区)<br>
            </td>
            <td>
                <img src = "img/douyin.jpg" width = "100" height = "100" align =
left>
```

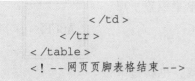

```
        </td>
    </tr>
</table>
<!--网页页脚表格结束-->
```

③选择"文件"→"保存"／"另存为"选项（或者按快捷键 Ctrl + S），在"另存为"对话框中将文件命名为 index. html，选择保存到 D 盘"表格类网页"文件夹下即可。

④在浏览器中运行 index. html。

相关知识

1. 单元格内文字位置的设置

可以用上中下、左中右等多种方式来调整单元格文字。左中右用 align 属性来表示，分别为 left、center、right；上、中、下用 valign 属性来表示，分别为 top、middle、bottom。

```
<table width =60 height =60 border =1 >
    <tr >
        <td align = "left" valign = "top" >A </td >
        <td align = "right" valign = "bottom" >B </td >
    </tr >
    <tr >
        <td align = "right" valign = "middle" >C </td >
        <td align = "left" valign = "bottom" >D </td >
    </tr >
</table >
```

效果如图 4 - 15 所示。

图 4 - 15　设置单元格内文字位置效果

微视频 4 - 3

align 和 valign 是对单元格进行设置，所以放在 <td > 标签内。若要让表格在网页上居中显示，则只需在 <table > 标签里面设置 align = "center" 即可。

2. 单元格填充距离的设置

属性名为 cellpadding。单元格填充距离就是指单元格内文字距单元格边框的距离。

```
<table width =60 height =60 border =1 cellpadding = "10" >
    <tr >
    <td >ABCEF </td >
    </tr >
</table >
```

效果如图 4 - 16 所示。

这个属性经常用到，可以让表格内文字显示更美观。这里设置了填充距离为 10 px。可以看到左、右两端都空余了 10 px。

3. 单元格间距的设置

属性名为 cellspacing。单元格间隔指边框与边框的距离，也就是单

图 4 – 16　设置单元格
填充距离效果图

元格与单元格之间的距离。

```
< table width = 60 height = 60 border = 1 cellspacing = "10" bgcolor = "pink" >
    < tr bgcolor = "#ffffff" >
        < td > A < /td >  < td > B < /td >  < td > C < /td >
    < /tr >
    < tr bgcolor = "#ffffff" >
        < td > D < /td >  < td > E < /td >  < td > F < /td >
    < /tr >
< /table >
```

效果如图 4 – 17 所示。

设置了单元格间距为 10 px，整个表格背景为粉色，每行背景为白色。

图 4 – 17　设置单元格间距效果图

知识拓展

为使搜索引擎更好地理解网页，可将表格划分为头部、主体和页脚。

① < thead > < /thead > ：用于定义表格的头部，位于 < table > < /table > 标签中，一般包含网页的 logo 和导航等头部信息。< thead > 标签定义表格的表头。该标签用于组合 HTML 表格的表头内容。thead 元素应该与 tbody 和 tfoot 元素结合起来使用。

② < tfoot > < /tfoot > ：用于定义表格的页脚，位于 < table > < /table > 标签中的 < thead > < /thead > 之后，一般包含网页底部的企业信息等。而 tfoot 元素用于对 HTML 表格中的页脚内容进行分组。

③ < tbody > < /tbody > ：用于定义表格的主体，位于 < table > < /table > 标签中的 < tfoot > < /tfoot > 标签之后，一般包含网页中除头部和底部之外的其他内容。tbody 元素用于对 HTML 表格中的主体内容进行分组。

创建某个表格时，我们也许希望拥有一个标题行、一些带有数据的行，以及位于底部的一个总计行。可以利用 thead、tfoot 以及 tbody 元素对表格中的行进行分组。这种划分使浏览器有能力支持独立于表格标题和页脚的表格正文滚动。当长的表格被打印时，表格的表头和页脚可被打印在包含表格数据的每张页面上。

提示：在默认情况下，这些元素不会影响到表格的布局。不过，可以使用 CSS 使这些元素改变表格的外观。

【示例 4 – 9】对表格中的行进行分组设置。

```
< ! DOCTYPE html >
    < html >
        < head >
```

```
    < meta charset = "utf - 8" >
        < style type = "text/css" >
        thead {color:green}
        tbody {color:blue;height:50px}
        tfoot {color:red}
        < /style >
</head >
<body >
    < table border = "1" >
        < thead >
        < tr >
            < th >Month < /th >
            < th >Savings < /th >
        < /tr >
        < /thead >
        < tbody >
            < tr >
            < td >January < /td >
            < td > $100 < /td >
            < /tr >
            < tr >
            < td >February < /td >
            < td > $80 < /td >
            < /tr >
        < /tbody >
        < tfoot >
            < tr >
            < td >Sum < /td >
            < td > $180 < /td >
            < /tr >
        < /tfoot >
    < /table >
    < /body >
< /html >
```

效果如图 4 –18 所示。

Month	Savings
January	$100
February	$80
Sum	$180

图 4 –18　表格显示效果

注意：

一个表格只能定义一对 < thead > < /thead >、一对 < tfoot > < /tfoot > 和多对 < tbody > < /tbody >，它们必须按 < thead > < /thead >、< tfoot > < /tfoot > 和 < tbody > < /tbody > 的顺序使用。之所以将 < tfoot > < /tfoot > 置于 < tbody > < /tbody > 之前，是为了使浏览器在收到全部数据之前即可显示页脚。

使用表格的结构划分标签后，搜索引擎可以更好地理解网页内容，但表格的实际显示效果并不会改变。

项目五

表单交互类网页制作

项目导读

在现实生活中，会有许多的表格需要填写，以方便更好地收集数据。例如，入职申请表、问卷调查表、健康体检表等。如果从网页中浏览这些表格，那么就是 HTML 中表单的概念。表单是用户和浏览器交互的重要手段。它通过收集来自用户输入的信息，将其通过指定的方式发送给服务器端进行处理，来实现相应的功能，如用户注册、用户登录等。

在本项目中，我们要学习如何制作一个简单的表单页面，比如某个网站的注册信息表单，在实际项目的开发过程中，不仅要灵活运用相关控件实现对应功能，还要特别注意保护新老用户的隐私。学生在设计表单的过程中，需要具备一定的法律法规意识，才能够更好地运用相关知识保护用户的隐私。

学习目标

- 掌握表单功能，能够创建表单。
- 掌握表单及其常用表单元素的标签，并能灵活加以应用。
- 能够综合利用表单及表单对象标签进行表单交互页的制作。
- 能够综合利用 HTML5 中新增表单元素及表单验证相关属性进行页面交互制作。
- 熟练应用各类样式对表单及表单对象进行美化。

职业能力要求

- 具有一定的网页设计基础知识。
- 具有一定的审美能力，能够设计出美观的表单。
- 具有一定的法律常识和法治思维，注重隐私保护。
- 具有良好的观察和自主学习能力，能够灵活运用互联网找到并解决编写过程中遇到的问题。

项目实施

本项目主要介绍表单及表单元素，包括新增的 HTML5 表单元素及元素属性。通过制作表单交互类网页、美化表单交互类网页以及巩固提升任务，来学习如何制作表单交互类网页。

任务 5.1 制作表单交互类网页

学习目标

知识目标：掌握表单及常用表单元素的标签并能灵活加以应用：＜form＞、＜input＞、＜select＞、＜option＞、＜textarea＞、＜fieldset＞、＜legend＞等。

能力目标：能够自己设计出一个用户注册页面表单。

素养目标：培养敏锐的观察及检查能力，能够找出开发过程中遇到的 bug，同时，应当具备合作学习、自主学习能力。

建议学时

2 学时。

任务要求

本任务主要是学习如何创建表单，通过学习各个表单元素，能够创建一个基础的用户信息注册表单。具体效果图如图 5 - 1 所示。

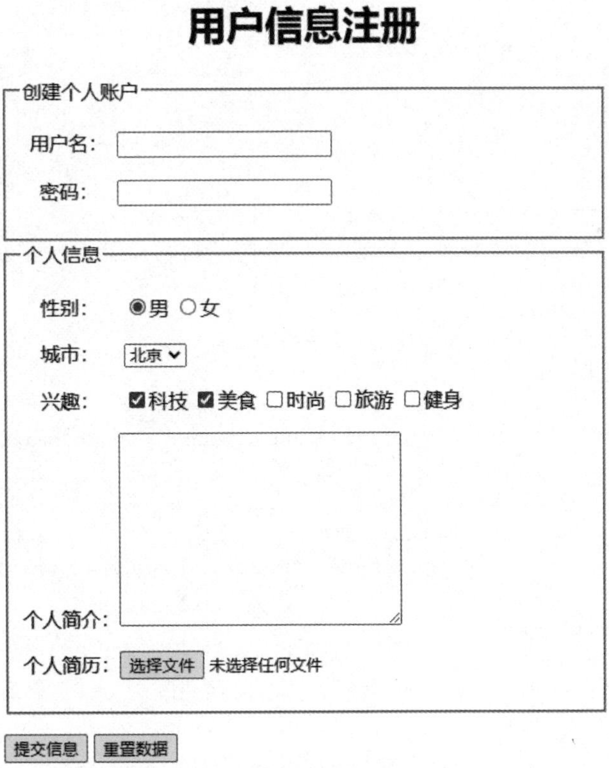

图 5 - 1 用户信息注册表单

步骤 1：分析表单结构。

由图 5 - 1 可知，表单由两个 fieldset 组成，每一个 fieldset 里面有不同类型的表单元素，最终可以使用 submit 按钮提交数据，或者使用 reset 按钮重置数据。

步骤 2：新建 HTML 文档。

制作一个网页，首先需要利用 HBuilder 新建一个 HTML 文件。

步骤 3：添加网页元素。

根据步骤 1 中的分析结果，向 < body > < / body > 标签中添加指定标签，具体代码如下：

```
<!DOCTYPE html >
< html >
< head >
    < meta charset = "utf - 8" >
    < title > Register < /title >
    < style >
        .title{
            width:500px;
            text - align:center;
        }
        label{
            display:inline - block;
            width:80px;
            text - align:center;
        }
        .userForm{
            width:500px;
        }
    < /style >
< /head >
< body >
    < h1 class = "title" > 用户信息注册 < /h1 >
    < form action = "saveInfo.jsp" method = "post" name = "userInfo" class = "
userForm" >
        < fieldset >
            < legend > 创建个人账户 < /legend >
            < p >
                < label > 用户名: < /label >
                < input type = "text" name = "name" maxlength = "20" > < br >
            < /p >
            < p >
                < label > 密码: < /label >
                < input type = "password" name = "pwd" > < br >
            < /p >
        < /fieldset >
        < fieldset >
            < legend > 个人信息 < /legend >
            < p >
                < label > 性别: < /label >
                < input type = " radio" name = " gender" value = " man "
checked > 男
```

```
                    < input type = "radio" name = "gender" value = "woman" >女
            </p>
            <p>
                    <label>城市:</label>
                    <select name = "city" >
                            <option value = "BeiJing" >北京</option>
                            <option value = "ShangHai" >上海</option>
                            <option value = "ShenZhen" >深圳</option>
                            <option value = "NanChang" >南昌</option>
                    </select>
            </p>
            <p>
                    <label>兴趣:</label>
                        <input type = "checkbox" name = "interest" value =
"tech" checked >科技
                        <input type = "checkbox" name = "interest" value =
"food" checked >美食
                        <input type = "checkbox" name = "interest" value =
"fashion" >时尚
                        <input type = "checkbox" name = "interest" value =
"travel" >旅游
                        <input type = "checkbox" name = "interest" value =
"fitness" >健身
            </p>
            <p>
                    <label>个人简介:</label> <textarea name = "intro"
cols = "30" rows = "10" > </textarea >
            </p>
            <p>
                    <label>个人简历:</label> <input type = "file" name
= "cv" > <br>
            </p>
        </fieldset>
        <p>
            <input type = "submit" value = "提交信息" class = "funcBtn" >
            <input type = "reset" value = "重置数据" class = "funcBtn" >
        </p>
    </form>
</body>
</html>
```

相关知识

1. 表单的定义

HTML 表单是网页中的一个重要元素,主要用来收集不同类型的用户输入,并将用户输入的数据发送给服务器端程序进行处理,服务器会根据表单中的信息返回特定的响应,来实现网页与用户的交互。将 HTML 表单看成一个包含表单元素的容器,用户可以通过表单元素输入数据。例如,可以通过文本框输入用户名,通过密码框输入用户密码,通过复选框输入用户阅读并接受的协议信息等。

表单其实是一个特定的区域，由 < form > 标签定义。< form > 标签用于创建 HTML 表单，是设定表单的起始位置，里面可以包含一个或多个表单元素，</ form > 是表单的结束标签。常见的表单元素有文本框、密码框、隐藏域、多行文本框、复选框、单选框、下拉选择框、提交按钮、复位按钮和文件上传框等。表单的基本语法如下：

```
< form 表单的各种属性标记 >
      设置表单元素
</ form >
```

表单拥有 name、action、method、target 等常用的表单属性。

name 属性定义了表单的名称，用来区分一个页面中的多个表单。

action 属性定义了用户提交表单时服务器上对数据进行接收并处理的脚本的 url，即表单要提交的地址。该地址一般是绝对地址，或者相对地址。例如，action = " saveInfo. jsp"，表示当提交表单时，表单中的数据会被传送到相对路径为 " saveInfo. jsp" 的页面去处理；action = "https://www. jxjdxy. edu. cn/"，表示当提交表单时，表单中的数据会被传送到绝对路径为 "https://www. jxjdxy. edu. cn/" 的页面去处理。

method 定义了表单的提交方式，只有 get 和 post 两种方式。如果对表单使用 method = "get"，那么提交表单后，表单中的数据会显示在浏览器的地址栏里，通常用于希望从服务器端获取数据。例如，在搜索引擎中通过输入关键词获得搜索结果。如果对表单使用 method = "post"，那么提交表单后，表单中的数据不会显示在浏览器的地址栏里，这样更为安全，同时，比起 get 方式，能传送更多的数据。通常，用于向服务器端存入数据，而非获取数据。比如，注册用户信息时使用 post 保存用户输入的用户名、密码等数据。如果没有指定 method，则默认提交方式为 get。

target 属性定义了指定目标 url 的打开方式，通常有四种方式：_self、_blank、_parent 和_top。_self 表示将返回的信息显示在当前的浏览器窗口中；_blank 表示将返回的信息显示在新打开的浏览器窗口中；_parent 表示将返回的信息显示在父级的浏览器窗口中；_top 表示将返回的信息显示在顶级的浏览器窗口中。如果没有指定打开方式，则默认方式为_self。

微视频 5 – 1

【示例 5 – 1】表单元素及其属性的用法。

```
<!DOCTYPE html >
<html >
<head >
      < meta charset = "utf – 8" >
      < title >Form </title >
</head >
<body >
      < form action = " " method = "post" name = "userInfo" target = "_self" >
            姓名: < input type = "text" name = "name" >
```

```
              < input type = "submit" >
        </form >
</body >
</html >
```

网页运行效果如图 5 - 2 所示。

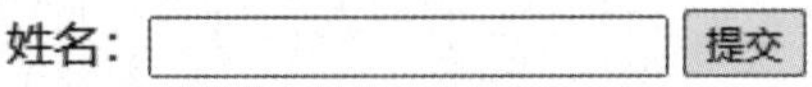

姓名：[　　　　　　　　　　　] [提交]

图 5 - 2　表单元素运行效果

2. 常用的表单元素

一个 < form > 元素中包含一个或多个表单元素，如 < input >、< textarea >、< button >、< select >、< option > 等。按照元素的表现形式，可以分为文本类、选项按钮、菜单等多种。下面介绍几种常用的表单元素。

（1）input 元素及属性

< input > 元素是用来声明允许用户输入数据的 input 控件，例如，单行文本框、单选按钮、复选框等。它的基本语法如下：

```
< input type = "元素类型" 元素的各种属性标记 >
```

< input > 元素拥有多种输入类型，用 type 属性来定义，不同的属性值定义了不同的输入类型，见表 5 - 1。

表 5 - 1　< input > 元素基本输入类型

属性	属性值	作用
type	text	单行文本输入框
	password	密码输入框
	radio	单选按钮
	checkbox	复选框
	button	普通按钮
	submit	提交按钮
	reset	重置按钮
	image	图像形式的提交按钮
	hidden	隐藏域
	file	文件域

下面详细介绍这几种常用的 type 类型。

1）单行文本输入框 < input type = "text" >

单行文本输入框常用来输入一个单行的文本信息，可以是任何类型的数字、文本以及字母等，输入的内容单行显示在页面中。它也是 type 属性的默认值。常见的使用情况如用户名、昵称、验证码等。常用的属性有 name、value、maxlength 等。name 属性定义了元素的名称，value 属性定义了元素的默认值，maxlength 属性定义了元素中允许输入的最大字符数。

【示例 5 - 2】单行文本输入框的使用方法。

```
<!DOCTYPE html >
<html >
<head >
     <meta charset = "utf -8" >
     <title >Input </title >
</head >
<body >
     < form action = "" >
          姓名:< input type = "text" name = "name" maxlength = "20" value = "张三" >
     </form >
</body >
</html >
```

网页运行效果如图 5 -3 所示。

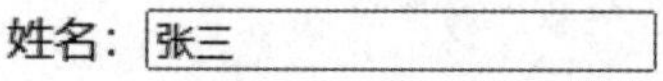

姓名: 张三

图 5 - 3 单行文本输入框的运行效果

2）密码输入框 < input type = "password" >

密码输入框用来输入密码，当用户输入数据时，这些文字会使用圆点或者星号进行隐藏。

【示例 5 -3】密码输入框的使用方法。

```
<!DOCTYPE html >
<html >
<head >
     <meta charset = "utf -8" >
     <title >Input </title >
</head >
<body >
     < form action = "" >
          密码:< input type = "password" name = "password" >
     </form >
</body >
</html >
```

网页运行效果如图 5 -4 所示。

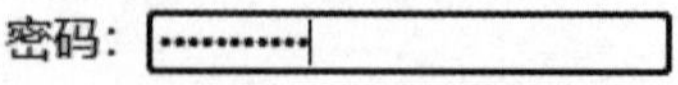

密码: ·········

图 5 - 4 密码输入框的运行效果

3）单选按钮 < input type = "radio" >

单选按钮常用来让用户进行单一选择，例如性别选项，要么是男，要么是女，不可能同

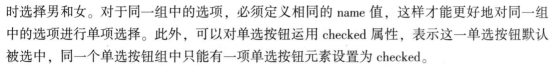

时选择男和女。对于同一组中的选项，必须定义相同的 name 值，这样才能更好地对同一组中的选项进行单项选择。此外，可以对单选按钮运用 checked 属性，表示这一单选按钮默认被选中，同一个单选按钮组中只能有一项单选按钮元素设置为 checked。

【示例 5 – 4】单选按钮的使用方法。

```
<! DOCTYPE html >
<html >
< head >
        < meta charset = "utf - 8" >
        < title > Input < /title >
< /head >
< body >
        < form action = "" >
            性别: < input type = "radio" name = "gender" value = "man" checked >男
                < input type = "radio" name = "gender" value = "woman" >女
        < /form >
< /body >
< /html >
```

网页运行效果如图 5 – 5 所示。

性别: ◉男 ○女

图 5 – 5　单选按钮的运行效果

4）复选框 < input type = "checkbox" >

复选框常用来让用户进行多项选择，例如兴趣、爱好等。可以对复选框运用 checked 属性，表示这一选项默认被选中，一组选项中可以有多个复选框被默认选中。

【示例 5 – 5】复选框的使用方法。

```
<! DOCTYPE html >
<html >
< head >
        < meta charset = "utf - 8" >
        < title > Input < /title >
< /head >
< body >
        < form action = "" >
            感兴趣的领域: < br >
                < input type = "checkbox" name = "interest" value = "tech" checked >科技
                < input type = "checkbox" name = "interest" value = "food" checked >美食
                < input type = "checkbox" name = "interest" value = "fashion" >时尚
                < input type = "checkbox" name = "interest" value = "travel" >旅游
                < input type = "checkbox" name = "interest" value = "fitness" >健身
        < /form >
< /body >
< /html >
```

网页运行效果如图 5 – 6 所示。

感兴趣的领域:
☑科技 ☑美食 □时尚 □旅游 □健身

图 5 – 6　复选框的运行效果

5）普通按钮 < input type = " button" >

普通按钮一般情况下要配合脚本使用。value 属性用来设置显示在按钮上面的文字，onclick 属性定义了当鼠标单击按钮时所要进行的处理程序。

【示例 5 – 6】普通按钮的使用方法。

```
<!DOCTYPE html >
<html >
<head >
    <meta charset = "utf - 8" >
    <title > Input </title >
</head >
<body >
    < form action = "" >
                    < input type = "button" value = "单击按钮触发提示框" onclick =
"alert('SUCCESS');" >
        </form >
</body >
</html >
```

网页加载后，单击按钮后的运行效果如图 5 – 7 所示。

图 5 – 7　普通按钮以及触发事件后的运行效果

6）提交按钮 < input type = " submit" >

提交按钮是一种特殊的按钮，不需要搭配 onclick 使用。其用来提交用户输入的表单信息。value 属性用来设置显示在按钮上面的默认文字。

【示例 5 – 7】提交按钮的使用方法。

```
<!DOCTYPE html >
<html >
<head >
    <meta charset = "utf - 8" >
    <title > Input </title >
</head >
<body >
    < form action = "" >
```

```
              < input type = " submit " >
       < /form >
< /body >
< /html >
```

网页运行效果如图 5 – 8 所示。

7）重置按钮 < input type = " reset " >

重置按钮是另一种特殊的按钮，用来清除用户输入的表单信息，初始化
表单。value 属性用来设置显示在按钮上面的默认文字。

图 5 – 8　提交
按钮的运行效果

【示例 5 – 8】重置按钮的使用方法。

```
< !DOCTYPE html >
< html >
< head >
       < meta charset = " utf – 8 " >
       < title > Input < /title >
< /head >
< body >
       < form action = " " >
              姓名：< input type = " text " >
               < input type = " reset " value = "初始化表单" >
       < /form >
< /body >
< /html >
```

网页运行后，输入 123 后的效果如图 5 – 9 所示。

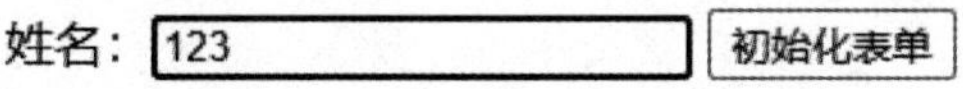

姓名：123　　初始化表单

图 5 – 9　重置按钮的运行效果

单击按钮后的效果图如 5 – 10 所示。

姓名：　　初始化表单

图 5 – 10　单击重置按钮后的运行效果

8）图片式提交按钮 < input type = " image " / >

图片式提交按钮与普通的提交按钮在功能上基本相同，只是它用图片作为表单的提交按钮，使外观更加丰富。需要注意的是，必须为其定义 src 属性用来指定图像的 url 地址。还可以应用 alt 属性，用来定义鼠标在图片上悬停时显示的说明文字。

【示例 5 – 9】图片式提交按钮的使用方法。

```
< !DOCTYPE html >
< html >
< head >
       < meta charset = " utf – 8 " >
       < title > Input < /title >
```

```
< /head >
< body >
        < form action = " " >
                姓名:< input type = "text" >
                < br >
                < input type = "image" src = "icon.png" alt = "提交数据" >
        < /form >
< /body >
< /html >
```

网页运行效果如图 5 - 11 所示。

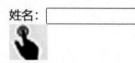

图 5 - 11　图片式提交按钮的运行效果

9) 隐藏域 < input type = "hidden"/ >

隐藏域常用来传递一些不需要在页面中显示出来的文本。当用户提交表单时,隐藏域的内容会一起提交给处理程序。隐藏域字段是用户无法看到的。

【示例 5 - 10】 隐藏域的使用方法。

```
<!DOCTYPE html >
< html >
< head >
        < meta charset = "utf - 8" >
        < title > Input < /title >
< /head >
< body >
        < form action = " " >
                < input type = "hidden" name = "test" >
        < /form >
< /body >
< /html >
```

由于隐藏域视觉上是不可见的,所以网页效果为空。

10) 文件域 < input type = "file"/ >

文件域常用于上传文件,用户通过输入或者选择文件路径的方式,把文件传给后台服务器。比如上传头像、添加附件等。

【示例 5 - 11】 文件域的使用方法。

```
<!DOCTYPE html >
< html >
< head >
        < meta charset = "utf - 8" >
        < title > Input < /title >
```

```
</head>
<body>
     <form action = "" >
             上传头像:<input type = "file" name = "img" >
     </form>
</body>
</html>
```

网页运行效果如图 5 - 12 所示。

上传头像: 选择文件 未选择任何文件

图 5 - 12　文件域的运行效果

选择文件后的效果如图 5 - 13 所示。

上传头像: 选择文件 1寸照.jpg

图 5 - 13　选择文件后的效果

（2）select 元素及属性

select 下拉列表框常用于向用户提供一组下拉列表选项，供用户进行选择。例如，在用户信息注册表单中，可以提供用户选择所在城市的下拉列表框。创建下拉列表框需要用到两种 HTML 元素：select 和 option。select 元素用于标记下拉列表框，option 元素用于创建下拉列表框里的项目，如果一个下拉列表框里面有多个选项供于选择，就需要重复使用 option 元素。

微视频 5 - 2

可以对 option 元素运用 selected 属性，表示这一选项即为默认选中项。其基本语法格式如下：

```
<select >
         <option >选项 1 </option >
         <option >选项 2 </option >
         <option >选项 3 </option >
         ...
</select >
```

【示例 5 - 12】下拉列表框的使用方法。

```
<!DOCTYPE html >
<html >
<head >
     <meta charset = "utf - 8" >
     <title >select </title >
</head >
<body >
     <form action = "" >
             城市:
              <select name = "city" >
                     <option value = "BeiJing" >北京 </option >
                     <option value = "ShangHai" >上海 </option >
                     <option value = "ShenZhen" >深圳 </option >
```

```
              < option value = "GuangZhou" >广州 < /option >
              < option value = "HangZhou" >杭州 < /option >
              < option value = "NanChang" >南昌 < /option >
          < /select >
      < /form >
< /body >
< /html >
```

网页运行效果如图 5 – 14 所示。

（3）textarea 元素及属性

当用户定义 input 的 type 属性为 text 时，即定义了一个单行文本框，网页中会显示出一个只能输入一行文字的文本框。但是，当有大量的文字需要输入时，单行文本框无法满足需求，为此，HTML 提供了一个 < textarea > 标签。文本域 textarea 元素可以允许用户输入多行文字，不受字数的限制。例如，在用户信息注册表单中，可以提供多行文本框让用户输入个人简介。常用的属性有：cols，控制文本域的可见宽度，rows，控制可见高度，当文本内容超出这一范围时，会出现滚动条。其基本语法格式如下：

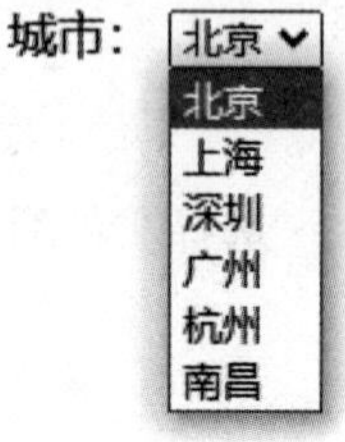

城市：

图 5 – 14　下拉列表框的运行效果

```
< textarea 元素的各种属性标记 >
        文本内容
< /textarea >
```

【示例 5 – 13】文件域的使用方法。

```
< !DOCTYPE html >
< html >
< head >
      < meta charset = "utf – 8" >
      < title >textarea < /title >
< /head >
< body >
      < form action = "" >
          个人简介：
          < textarea name = "intro" cols = "30" rows = "10" > < /textarea >
      < /form >
< /body >
< /html >
```

网页运行效果如图 5 – 15 所示。

图 5 – 15　文本域的运行效果

（4）fieldset 元素及属性

fieldset 表单边框元素用来将指定的表单元素框起来，其适用于表单有很多信息需要使用边框分割的情况，还可以使用 legend 元素为每一个 fieldset 提供标题。它的基本语法如下：

```
< form >
    < fieldset >
        < legend >
            子表单标题
        < /legend >
    < /fieldset >
< /form >
```

【示例 5 – 14】文件域的使用方法。

```
<!DOCTYPE html >
< html >
< head >
    < meta charset = "utf – 8" >
    < title > fieldset < /title >
< /head >
< body >
    < form action = "" >
        < fieldset >
            < legend >
                个人信息
            < /legend >
            姓名: < input type = "text" name = "name" > < br >
            电话号码: < input type = "text" name = "tel" > < br >
            性别: < input type = "radio" name = "gender" value = "man" checked >
男
            < input type = "radio" name = "gender" value = "woman" >女
        < /fieldset >
    < /form >
< /body >
< /html >
```

网页运行效果如图 5 – 16 所示。

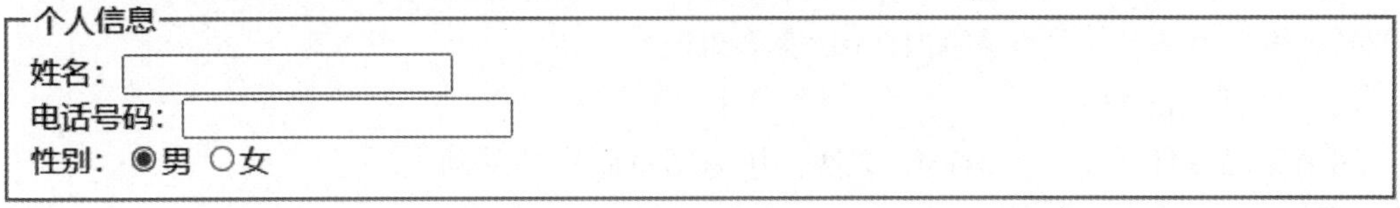

┌─个人信息────────────────────────┐
│ 姓名: [   ]   │
│ 电话号码: [   ]   │
│ 性别: ◉男 ○女   │
└─────────────────────────────────┘

图 5 – 16　表单边框的运行效果

巩固提升

1. 任务要求

在掌握 HTML 表单元素的基础上，了解表单开发在现实网站中的实际运用。打开"江西机电职业技术学院"中投诉界面,如图 5 – 17 所示,可以看到主体部分投诉建议是使用表单元素进行设计开发。本部分通过实例来学习如何实现这个表单。

图 5 – 17 学校网站投诉建议页面

2. 任务实施

(1) 网页结构分析

从图 5 – 17 可以看出,整个页面分为三部分:导航部分、内容部分和底部。其中内容部分的投诉表单运用到了所学习的 HTML 表单知识。

(2) 新建 html 文件

利用编码软件新建一个 HTML 文件,作为网页制作的基础。

(3) 添加网页元素

添加表单元素,完成主体内容部分设计。其中核心代码如下:

```
<!-- 内容部分 -->
<div class = "page – body clearfix">
<div class = "left">
```

```
            <h3 >投诉建议 </h3 >
      </div >
      <div class = "right" >
            <! -- 右侧标题部分 -->
            <div class = "tit" >
                  <h3 >投诉建议 </h3 >
                  <div class = "cur" >
                        <i class = "glyphicon glyphicon - home" > </i >
                        <span >当前位置: </span >
                        <span > <a href = "#" >首页 </a > </span >
                        <em class = "glyphicon glyphicon - chevron - right" > </
em >
                        <span >投诉建议 </span >
                  </div >
            </div >
            <! -- 右侧表单 -->
            <form action = "" method = "post" >
                  <div >
                        <span > <i > * </i >姓名: </span >
                        <span > <input type = "text" > </span >
                  </div >
                  <div >
                        <span > <i > * </i >身份证号: </span > <span > <input type
= "text" > </span >
                  </div >
                  <div >
                        <span > <i > * </i >性别: </span > <span > <input type = "
radio" >男 <input type = "radio" >女 </span >
                  </div >
                  <div >
                                          <span > <i > * </i >手机: </span > <
span > <input type = "text" > </span >
                  </div >
                  <div >
                                          <span > <i > * </i >班级: </span > <
span > <input type = "text" > </span >
                  </div >
                  <div >
                  <span > <i > * </i >信件类型: </span >
                  <span >
                        <select name = "" >
                              <option value = "请选择" >请选择 </option >
                              <option value = "" >校园建设 </option >
                              <option value = "" >反映要求 </option >
                              <option value = "" >检举揭发 </option >
                              <option value = "" >建议批评 </option >
                        </select >
                  </span >
                  </div >
```

```html
            <div>
                <span><i> * </i>留言内容:</span>
                <span>
                    <textarea></textarea>
                </span>
            </div>
            <div>
                <span><i> * </i>认证码:</span>
                <span>
                    <input type = "text"><img src = "./images/yanzhengma.
png">
                </span>
            </div>
            <div class = "btns">
                <button>提交</button>
                <button>重填</button>
            </div>
        </form>
    </div>
</div>
```

（4）实现网页布局及样式

根据效果图，设置网页样式与布局，核心 CSS 代码如下：

```css
*{margin:0;padding: 0;font - family: "微软雅黑";}
ul{list - style: none;}
a{text - decoration: none;}
i,em{font - style: normal;}
h3{padding: 0;margin: 0;}
.clearfix::after,
.clearfix::before{
    content: "";
    display: table;
    clear: both;
}
.page - body{
    width: 1280px;
    margin: 40px auto 0;
    font - family: "微软雅黑";
}

.page - body .left{
    font - size: 16px;
    float: left;
    width: 240px;
    background - color: #F1F2F4;
    padding: 40px;
}
```

```
.page-body .left h3{
        font-size: 30px;
}

.page-body .right{
        float: right;
        width: 1000px;
        margin-top: 10px;

}
.page-body .right .tit{
        display: flex;
        justify-content: space-between;
        align-items: center;
        border-bottom: 2px solid #C2191E;
        padding: 0 20px;
}
.page-body .right h3{
        font-weight: normal;
        font-size: 26px;
        line-height: 52px;
        color: #004096;
}
.page-body form{
        width: calc(100% -50px);
        margin-top: 10px;
        margin-left: 50px;
        font-size: 16px;
}
.page-body form>div{
        padding: 10px;
}
```

任务 5.2　优化表单交互类网页

学习目标

知识目标：掌握 HTML5 中新增表单元素及其相关属性，能使用表单验证相关属性进行页面交互制作，并且利用各类样式进行表单及表单对象的美化。

能力目标：要求每个同学能正确使用 HTML5 中新增加的元素。

素养目标：培养学生敏锐的观察及检查能力，能够找出开发过程中遇到的 bug，同时，应当具备合作学习、自主学习能力。

建议学时

4 学时。

任务要求

完善任务 5.1 所写的用户信息注册表单，添加一些 HTML5 新增的表单元素及验证等相关属性进行页面交互，用 CSS 样式美化表单。具体效果如图 5 – 18 所示。

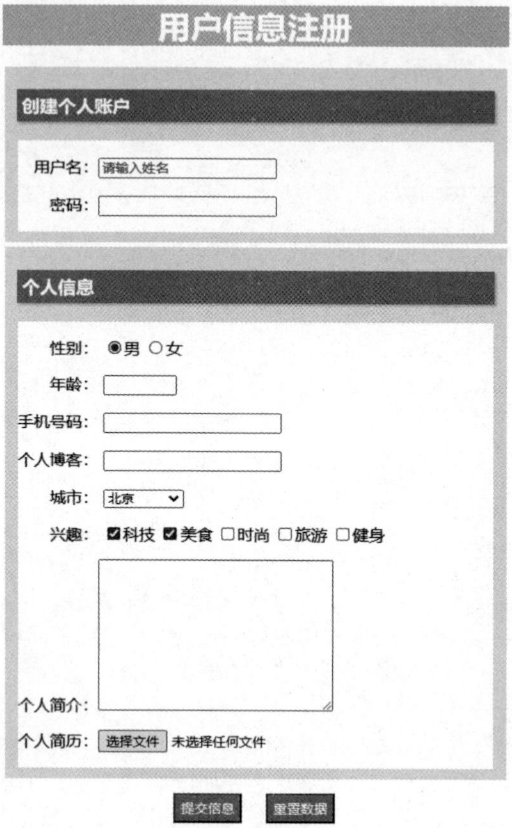

图 5 – 18　用户信息注册表单

具体代码如下：

```
<!DOCTYPE html >
<html >
<head >
    <meta charset = "utf - 8" >
    <title >Register </title >
    <style >
        .title{
            width:500px;
            text - align:center;
            background - color:#baeec1;
            color:white;
        }
        fieldset {
            background - color:#ebebeb;
```

```
                border:none;
                margin - bottom:5px;
        }
        h3{
                background - color:#7dad84;
                box - shadow:2px 2px 2px #ccc;
                color:#fff;
                font - size:large;
                padding:5px;
        }
        .infoDetails{
                background - color:white;
                border:1px solid #ebebeb;
        }
        label{
                display:inline - block;
                width:80px;
                text - align:right;
        }
        .userForm{
                width:500px;
        }
        .city{
                width:80px;
        }
        .btnDiv{
                text - align:center;
        }
        .funcBtn {
                background - color:#7dad84;
                margin:10px;
                padding:5px;
                color:#fff;
        }
    </style>
</head>
<body>
    <h1 class = "title">用户信息注册</h1>
    <form action = "saveInfo.jsp" method = "post" name = "userInfo" class = "userForm">
        <fieldset>
            <h3>创建个人账户</h3>
            <div class = "infoDetails">
                <p>
                    <label>用户名:</label><input type = "text" name = "name" maxlength = "20" required autocomplete = "on" autofocus placeholder = "请输入姓名">
                </p>
                <p>
```

```
                                    <label>密码:</label><input type="password"
name="pwd" required pattern="^[a-zA-Z]\w{5,17}$">
                        </p>
                </div>
        </fieldset>
        <fieldset>
                <h3>个人信息</h3>
                    <div class="infoDetails">
                        <p>
                            <label>性别:</label>
                                <input type="radio" name="gender" value="man"
checked>男
                                <input type="radio" name="gender" value="woman"
>女
                        </p>
                        <p>
                            <label>年龄:</label>
                            <input type="number" name="age" min="1" max="
100">
                        </p>
                        <p>
                            <label>手机号码:</label>
                            <input type="tel" pattern="^\d{11}$">
                        </p>
                        <p>
                            <label>个人博客:</label>
                            <input type="url" name="userURL">
                        </p>
                        <p>
                            <label>城市:</label>
                            <select name="city" class="city">
                                    <option value="BeiJing">北京</option>
                                    <option value="ShangHai">上海</option>
                                    <option value="ShenZhen">深圳</option>
                                    <option value="NanChang">南昌</option>
                            </select>
                        </p>
                        <p><label>兴趣:</label>
                                        <input type="checkbox" name="interest"
value="tech" checked>科技
                                        <input type="checkbox" name="interest"
value="food" checked>美食
                                        <input type="checkbox" name="interest"
value="travel">旅游
                                        <input type="checkbox" name="interest"
value="fitness">健身
                            </p>
                            <p>
                            <label>个人简介:</label><textarea name="intro"
cols="30" rows="10"></textarea>
```

```
                              </p>
                              <p>
                                    <label>个人简历:</label><input type = "file"
name = "cv"><br>
                              </p>
                        </div>
                  </fieldset>
                  <div class = "btnDiv">
                        <input type = "submit" value = "提交信息" class = "funcBtn">
                        <input type = "reset" value = "重置数据" class = "funcBtn">
                  </div>
            </form>
      </body>
      </html>
```

相关知识

1. 新增表单元素

HTML5 的一个重要特性就是对表单进行了改进。过去常常要通过 JavaScript 脚本来控制表单行为,例如对电话号码格式进行验证。HTML5 通过引进新的表单元素、输入类型和属性,让一切变得简单起来。接下来会详细介绍几种常用的新增元素和属性。

(1)电子邮件框 <input type = "email">

邮件类型的 input 用于应该输入 email 地址的文本框。在提交表单后,会自动验证 email 域的值,只有符合 email 格式才能通过验证并提交;如果不符合,将提示相应的错误信息,不同的浏览器提示风格可能会不同。

【示例 5 - 15】电子邮件框的使用方法。

```
<form action = "">
      Email:
      <input type = "email" name = "userEmail">
      <input type = "submit" name = "submit">
</form>
```

网页运行效果如图 5 - 19 所示。

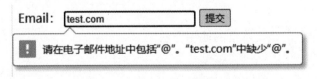

图 5 - 19　电子邮件框的运行效果

(2)URL 框 <input type = "url">

URL 类型的 input 用于应该输入 URL 地址的文本框。在提交表单后,会自动验证 URL 域的值,只有符合 URL 地址格式才能通过验证并提交;如果输入的值不符合 URL 地址格式,则不允许提交,并且会提示相应的错误信息。

【示例 5 – 16】 URL 框的使用方法。

```
< form action = "" >
    个人博客地址:
    < input type = "url" name = "userURL" >
    < input type = "submit" name = "submit" >
</form >
```

网页运行效果如图 5 – 20 所示。

图 5 – 20　URL 框的运行效果

（3）数字类型文本框 < input type = "number" >

number 类型的 input 用于应该输入数字的文本框。可以设置可接受数字的限制。例如，属性 max 规定数字的最大值，属性 min 规定数字的最小值，属性 step 规定合法数字间隔，默认值为 1。

【示例 5 – 17】 数字类型文本框的使用方法。

```
< form action = "" >
    请输入 1 – 10 之间的数字:
    < input type = "number" name = "num" min = "1" max = "10" >
</form >
```

网页运行效果如图 5 – 21 所示。

图 5 – 21　数字类型文本框的运行效果

（4）颜色类型文本框 < input type = "color" >

color 类型的 input 用于提供设置颜色的文本框。该输入类型允许用户从拾色器中选取颜色。

【示例 5 – 18】 颜色类型文本框的使用方法。

```
< form action = "" >
    请选择背景色:
    < input type = "color" name = "myColor" >
    < input type = "submit" >
</form >
```

网页运行效果如图 5 – 22 所示。

图 5 – 22　颜色类型文本框的运行效果

（5）搜索框 < input type = "search" >

search 类型的 input 用于输入搜索关键词的文本框，比如站点搜索。当用户输入文本后，在输入框的右侧会附带一个删除图标，用来快速清除内容。

【示例 5 – 19】搜索框的使用方法。

```
< form action = "" >
    Google：
    < input type = "search" name = "googleSearch" >
    < input type = "submit" >
< /form >
```

网页运行效果如图 5 – 23 所示。

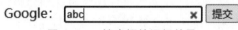

图 5 – 23　搜索框的运行效果

2. 新增的表单元素属性

（1）required 属性

required 属性代表用户必须填写该输入框，可以用在大多数的输入元素上。如果表单中有一个带 required 属性的输入框中没有输入数据，浏览器会给出相应的提示。不同的浏览器提示风格可能会不同。由于这个特性是 HTML5 新增的，所以旧的浏览器可能会忽略该属性，但不会影响表单正常工作。该属性可以在不赋予任何值的情况下使用，等价于 required = "required"。一般用于以下 input 类型：text、password、url、tel、email、number、search、checkbox、radio、date pickers 和 file。

【示例 5 – 20】required 属性的效果。

```
< form action = "" >
    姓名：< input type = "text" name = "name" required >
    < input type = "submit" >
< /form >
```

网页运行效果如图 5 - 24 所示。

图 5 - 24　**required** 属性的运行效果

（2） placeholder 属性

placeholder 属性用于为 input 类型的输入框提供可描述输入字段预期值的相关提示信息。该提示会在输入框为空时显示，用户开始输入文本后消失。该属性一般用于以下 input 类型：text、search、url、tel、email 和 password。

【示例 5 - 21】 隐藏域的使用方法。

```
< form action = "" >
        姓名: < input type = "text" name = "name" required placeholder = "请输入姓名" >
        < input type = "submit" >
< /form >
```

网页运行效果如图 5 - 25 所示。

姓名：请输入姓名　　　　　　提交

图 5 - 25　placeholder 属性的运行效果

（3） pattern 属性

pattern 属性的值一般为正则表达式，该属性用于验证用户所输入的文本信息是否与其定义的正则表达式相匹配。当用户输入的文本信息符合其规定的格式时，则提交表单；否则，将给出相关信息提示用户不符合要求。pattern 属性一般用于以下 input 类型：text、search、url、tel、email 和 password。

注意：正则表达式，又称规则表达式，是利用事先定义好的特定字符以及它们的组合组成一个规则，然后用这个规则来匹配特定的字符串。通常被用来检索、替换那些符合某个模式的文本。常用的正则表达式见表 5 - 2。

表 5 - 2　常用的正则表达式

正则表达式	说明
^[0-9] * $	数字
^\d{n} $	n 位数字
^\d{n,} $	至少 n 位数字
^\d{a,b} $	a ~ b 位数字
^(\ - | \ +)? \d + (\. \d +)? $	正数、负数和小数

续表

正则表达式	说明
^\d + $ 或 ^[1 - 9]\d * |0 $	非负整数
^ - [1 - 9]\d * |0 $ 或 ^((- \d +)|(0 +)) $	非正整数
^[\u4e00 - \u9fa5]{0,} $	汉字
^[A - Za - z0 - 9] + $ 或 ^[A - Za - z0 - 9]{4, 40} $	英文和数字
^[A - Za - z] + $	由 26 个英文字母组成的字符串
^[A - Za - z0 - 9] + $	由数字和 26 个英文字母组成的字符串
^[\u4E00 - \u9FA5A - Za - z0 - 9_] + $	中文、英文、数字，包括下划线
^[a - zA - Z]\w{5,17} $	密码（以字母开头，长度在 6 ~ 18 之间，只能包含字母、数字和下划线）
^\d{15}|\d{18} $	身份证号（15 位、18 位数字）

【示例 5 – 22】下面通过一段代码来展示 pattern 属性的使用方法，验证输入的数据是否是 11 位数字。

```
< form action = " " >
    手机号码 : < input type = "text" pattern = "^\d{11} $ " >
    < input type = "submit" >
< /form >
```

输入一个不是 11 位的数字，网页运行效果如图 5 – 26 所示。

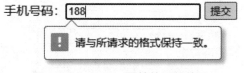

图 5 – 26　pattern 属性的运行效果

（4）autocomplete 属性

autocomplete 属性用于表示该元素是否有自动填写功能。"自动填写"的意思是将输入框内的数据记录下来，当再次输入时，会将曾经的输入记录显示在一个下拉列表框里，以实现自动填写功能。默认情况下为 on，可以节省用户的输入时间。但对于一些敏感信息，比如说银行卡号、身份证等，可以通过对其设置 autocomplete = "off"，关闭该元素的自动填写功能。该属性可用于所有 input 类型元素。如果把该属性应用于 form 元素，那么其中的每个字段都具备该功能。

【示例 5 – 23】autocomplete 属性的使用方法。

```
< form action = " " >
      姓名: < input type = "text" name = "name" autocomplete = "on" >
      < input type = "submit" >
< /form >
```

输入"张三",并提交表单,然后重新加载页面,再次填写表格,网页运行效果如图
5 - 27 所示。

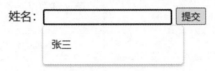

图 5 - 27 　 autocomplete 属性的运行效果

(5)novalidate 属性

novalidate 属性指关闭表单的 HTML5 验证特性,允许表单在不验证的情况下提交。该属
性应用于表单元素时,会关闭整个表单的验证操作,即表单内的所有元素不会被验证。它还
可以被单独用于某种 input 标签,例如 tel、email、password 等。

【示例 5 - 24】novalidate 属性的使用方法。

```
< form action = " " novalidate target = "_self" >
      < label >姓名: < /label > < input type = "text" name = "name" > < br >
      < label >手机号码: < /label > < input type = "text" name = "tel" pattern = "^\d
{11} $ " > < br >
      < label >电子邮箱: < /label > < input type = "email" name = "email" > < br >
      < input type = "submit" class = "subBtn" >
< /form >
```

不添加 novalidate 的网页运行效果如图 5 - 28 所示。

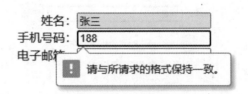

图 5 - 28 　 默认没有 novalidate 属性的运行效果

添加 novalidate 属性后,表单提交成功,网页运行效果如图 5 - 29 所示。

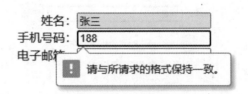

图 5 - 29 　 novalidate 属性的运行效果

巩固提升

1. 任务要求

完善"江西机电职业技术学院"中投诉界面投诉表单的样式，使之更加美观，如图 5 – 30 所示。进一步思考平常在网页中见过哪些有特色的表单。

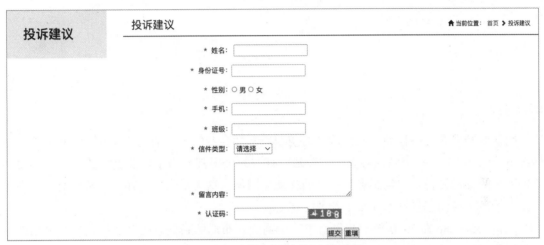

图 5 – 30　学校网站投诉建议页面

2. 任务实施

①打开前面制作好的表单，找到头部 style 标签。

②在 style 标签里为元素添加一些样式，使表单和整体布局看着更加美观。

核心代码如下：

```
.page-body span{
        display:inline-block;
    }
    .page-body span>i{
        color:#cc0000;
        margin-right:10px;
    }
    .page-body div>span:first-child{
        text-align:right;
        width:200px;
    }
    .page-body textarea{
        width:280px;
        height:80px;
    }
    .page-body .btns{
        text-align:center! important;
    }
```

项目六

响应式页面制作

项目导读

网站的开发人员在移动互联网发展的初期通常都会专门为移动设备开发一个网站。一般情况下，采用 PC 端一个站、移动端一个站，有的大公司甚至为了覆盖更多的用户，还要为不同尺寸的移动设备专门定制多个版本的移动端网站，这无疑大大增加了运营的成本。在这样的背景下，移动互联技术迎来了新的变革。

Ethan Marcotte 在 2010 年 5 月提出了一个响应式布局的新概念，其实就是一个网站能够兼容多个终端，而不必去为每个终端定制一个特定版本的网站。这是为解决移动互联网浏览而诞生的新概念。

为了向不同终端的用户提供更加舒适的界面和更好的用户体验，响应式布局应运而生，它随着大屏幕移动设备的普及也将成为以后的发展趋势。接下来学习响应式页面的制作。

学习目标

- 了解视口的概念。
- 掌握媒体查询的语法。

职业能力要求

- 能够熟练使用媒体查询功能。
- 能够独立制作响应式页面。

项目实施

本项目运用媒体查询功能实现一个登录页的响应式布局。通过这个综合案例的学习，同学们可以掌握响应式页面的制作原理和方法。另外，还可以学习 CSS 网页布局的相关知识点。

任务 6.1 制作响应式页面

学习目标

知识目标：视口和媒体查询的概念与相关属性，响应式页面的制作原理。

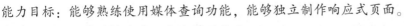

能力目标：能够熟练使用媒体查询功能，能够独立制作响应式页面。

素养目标：培养动手能力、自主学习能力。

建议学时

6课时。

任务要求

制作一个响应式的页面，要求在 PC 端和移动端都能够正常显示。

相关知识

1. 视口 viewport

在 PC 端，视口指的是浏览器的可视区域，它的宽度需要和浏览器窗口的宽度保持一致。视口在 CSS 标准文档中也被称为初始包含块，它是所有 CSS 百分比宽度推算的根源。在移动端，通常将视口分为布局视口、视觉视口和理想视口。

（1）布局视口 layout viewport

布局视口是用来放置网页内容的区域，一般的移动设备的浏览器都会默认定义一个虚拟的布局视口（layout viewport），布局视口的作用是让移动设备也能够兼容 PC 端的网页。iOS、Android 虚拟视口分辨率设置为 980 px，所以 PC 上的网页基本能在手机上呈现，只不过元素看上去很小，一般默认可以通过手动缩放网页。

布局视口的大小由浏览器厂商决定，大多数移动设备的布局视口大小为 980 px。

如果要显式设置布局视口，可以使用 HTML 中的 meta 标签：

```
<meta name = "viewport" content = "width = 400">。
```

（2）视觉视口 visual viewport

视觉视口指的是用户当前看到的区域，用户可缩放视觉视口，并且不会影响布局视口，布局视口仍保持原来的宽度。

（3）理想视口 ideal viewport

屏幕同宽的布局视口称为理想视口。理想视口的值其实就是屏幕分辨率的值。在理想视口状态下，用户不需要缩放或操作滚动条就能清楚地看到网站的全部内容，并且针对移动端的设计稿更容易开发。

注意：理想视口并不是真实存在的视口。通过 meta 标签设置使布局视口与理想视口的宽度一致，实际上，这就是响应式布局的基础。

```
<meta name = "viewport" content = "width = device - width, initial - scale = 1.0">
```

❖ viewport 控制

viewport 标签是苹果公司在 2007 年引进的，用于移动端布局视口的控制。

```
<meta name = "viewport" content = "width = device - width, initial - scale = 1.0,
user - scalable = no, maximum - scale = 1.0, minimum - scale = 1.0">
```

❖ width：设置布局视口宽度为特定的值。

initial – scale：初始化缩放比例，指的是设备独立像素宽度和布局视口的比例。

minimum – scale：设置最小缩放比例，指的是设备独立像素宽度和视觉视口的比例。

maximum – scale：设置最大缩放比例。

user – scalable：设置是否允许用户缩放（yes/no）。

注意：

①viewport 标签对 PC 端浏览器是无效的，只对移动端浏览器有效。

②缩放比例为100%时，dip（device independent pixel，设备逻辑像素）宽度与 CSS 像素宽度、理想视口的宽度、布局视口的宽度相等。

③单独设置 initial – scale 或 width 都存在兼容性问题，因此，设置布局视口为理想视口的最佳方法是同时设置两个属性。

④即使设置了 user – scalable = no，在 Android Chrome 浏览器中也可以强制启用手动缩放。

2. 媒体查询

媒体查询（Media Query）是 CSS3 新语法。简单地说，也就是针对比如屏幕、打印机或者屏幕阅读器等不同的媒体类型定义不同的样式，还可针对不同的屏幕尺寸设置不同的样式，比如手机 iPhone6 和 iPhone6 Plus 的尺寸是不一样的，笔记本电脑和电脑屏幕也是不一样的大小，应用响应式布局可以实现在不同尺寸的屏幕上显示的效果是接近的，或者说不至于出现样式的错乱。根据一个或多个基于设备类型、具体特点和环境的媒体查询来应用样式。

注意：CSS 称为层叠样式规则，即后面的会把前面的覆盖掉，这里主要涉及了优先级的问题。一般媒体查询@media 放在 CSS 文件的最下面，因为读文件是从上到下依次进行的，就是为了不被覆盖掉。

所谓响应式布局，是指写好的前端代码可在不同的设备上以不同的方式展示。基于媒体查询的帮助，可以通过判断页面的宽度来选择预设好的样式表。

例如，可以按照移动端的标准写一个样式文件，设计一个针对移动端设备的布局。另外，针对 PC 端也设计一个 CSS 样式。接着借助媒体查询的功能判断当前页面宽度是多少，从而调用合适的样式表对页面元素进行布局。

微视频 6 – 1

【示例 6 – 1】下面通过一段代码 media. html 来展示响应式布局的使用方法。

```
<!DOCTYPE html >
<html >
<head >
        <meta charset = "utf - 8" >
        <meta name = "viewport" content = "width = device - width, initial - scale =
1.0" >
```

```
        <meta http-equiv="X-UA-Compatible" content="ie=edge">
        <title>响应式布局</title>
        <!-- 公共样式(common 是公共的意思) -->
        <link rel="stylesheet" href="./css/common.css"">
        <!-- pc 端桌面浏览器样式 -->
        <link rel="stylesheet" href="./css/desktop.css">
        <!-- 移动端样式 -->
        <link rel="stylesheet" href="./css/mobile.css">
</head>
<body>
        <div id="app">
                <div class="container">
                        <h3>响应式布局测试页</h3>
                </div>
        </div>
</body>
</html>
```

针对该页面的公共样式 common. css：

```
*{
        margin:0;
        padding:0;
    }
font-size{
        font-size:20px;
        color:blue;
            }
```

准备在 PC 端调用的 CSS 样式文件 desktop. css：

```
body{
        background-color:#ccc;
    }
```

准备在移动端调用的 CSS 样式文件 mobile. css：

```
body{
        background-color:skyblue;
    }
```

在 PC 端页面打开页面，发现生效的是 mobile. css，而不是 desktop. css，如图 6-1 所示。

如果想要实现响应式的需求，就必须在 link 标签中添加一个媒体查询的相关属性 "media"，在对应的值里面填写条件。

最常见的做法就是设置宽度，然后根据显示设备的宽度来决定哪一个 CSS 样式生效。

【示例 6-2】加入了媒体查询功能的 media. html。

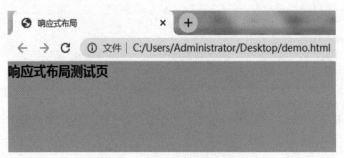

图 6-1 响应式布局测试

```html
<!DOCTYPE html>
<html>
    <head>
        <meta charset="utf-8">
        <meta name="viewport" content="width=device-width, initial-scale=1.0">
        <meta http-equiv="X-UA-Compatible" content="ie=edge">
        <title>响应式布局</title>
        <link rel="stylesheet" href="./css/common.css">
        <!-- 当页面宽度不小于500px时,PC端样式desktop.css生效-->
        <link media="(min-width:500px)" rel="stylesheet" href="./css/desktop.css">
        <!-- 当页面宽度不大于500px时,移动端样式mobile.css生效- -->
        <link media="(max-width:500px)" rel="stylesheet" href="./css/mobile.css">
    </head>
<body>
        <div id="app">
            <div class="container">
                <h3>响应式布局测试页</h3>
                <p>为了向不同终端的用户提供更加舒适的界面和更好的用户体验,响应式布局应运而生,它会随着大屏幕移动设备的普及也将成为以后的发展趋势。响应式布局其实就是一个网站能够兼容多个终端,而不必去为每个终端定制一个特定版本的网站。</p>
            </div>
        </div>
        <script type="text/javascript">
            //用于输出当前页面宽度的脚本
            document.onclick = function(){
        console.log("当前页面宽度:",document.documentElement.offsetWidth);
            }
        </script>
    </body>
</html>
```

再测试一下效果，如图 6-2 和图 6-3 所示。

可以看到，页面已经利用媒体查询实现了在不同的屏幕宽度时，调用不同的样式文件，让网页实现了响应式。

图 6 - 2　加入媒体查询的响应式布局测试

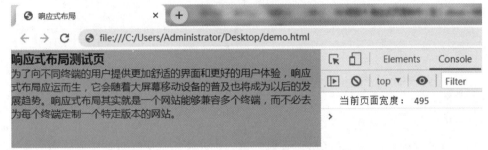

图 6 - 3　不同的屏幕宽度时的响应式布局

　　前面将 media 媒体查询写在 link 标签中，其实还可以直接在 style 标签中使用 media 媒体查询功能。

【示例 6 - 3】直接在 style 标签中使用 media 媒体查询案例。

```html
<!DOCTYPE html>
<html>
    <head>
        <meta charset = "utf - 8">
        <meta name = "viewport" content = "width = device - width, initial - scale = 1.0">
        <meta http - equiv = "X - UA - Compatible" content = "ie = edge">
        <title>响应式布局</title>
        <link rel = "stylesheet" href = "./css/common.css">
        <style type = "text/css">
            /* 当屏幕宽度大于等于767px时 */
            @media (min - width: 767px){
                body{
                        background - color: #ccc;
                }
            }
            /* 当屏幕宽度小于等于767px时 */
            @media (max - width: 767px){
                body{
                        background - color: skyblue;
                }
            }
        </style>
    </head>
</html>
```

```
<body>
    <div id = "app">
        <div class = "container">
            <h3>响应式布局测试页</h3>
            <p>为了向不同终端的用户提供更加舒适的界面和更好的用户体验,响应式
布局应运而生,它会随着大屏幕移动设备的普及也将成为以后的发展趋势。响应式布局其实就是一个网站
能够兼容多个终端,而不必去为每个终端定制一个特定版本的网站。
            </p>
        </div>
    </div>
    <script type = "text/javascript">
        document.onclick = function(){
            console.log("当前页面宽度:",document.
documentElement.offsetWidth);
        }
    </script>
</body>
</html>
```

了解了媒体查询的基本语法之后,尝试着做一个完整的响应式页面,最终效果如图6–4和图6–5所示。

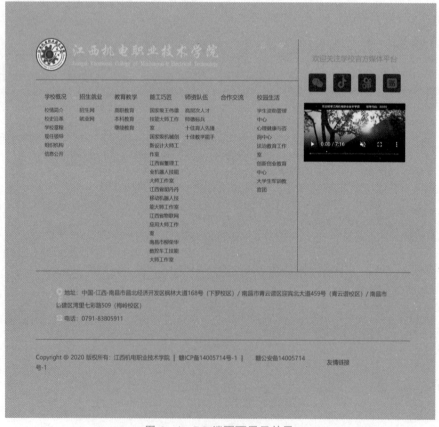

图 6 - 4　PC 端页面显示效果

图 6 – 5　移动端页面显示效果

下面开始一步一步实现响应式页面的制作：

步骤 1：分析页面结构。

在开始写代码之前，必须首先分析页面结构，确定好代码的大框架。该页面还是比较简单的，可以将其划分为上、中、下三个部分（图 6－6）。

微视频 6－2

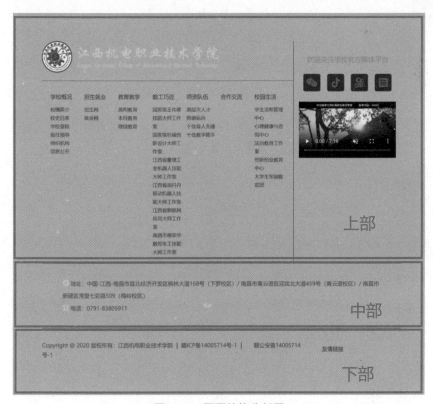

图 6 – 6　页面结构分析图

步骤 2：开始书写 HTML 结构代码。

```html
<div class = "footer" >
    <div class = "container" >
        <div class = "footer -1" >
            <div class = "footer -1 - left" >
                <div class = "footer - logo" >
                    <img src = "./images/logo3.png" >
                </div>
                <div class = "footer - nav" >
                    <dl >
                        <dt >学校概况</dt >
                            <a href = "" >..此处省略部分代码..</a >
                        </dd >
                    </dl >
                    ..此处省略部分 dl 列表相关代码..
                </div>
            </div>
            <div class = "footer -1 - right" >
                <div class = "footer - tit" >欢迎关注学校官方媒体平台</div >
                <div class = "gfpt" >
                    <div class = "item weixin" >
                        <div class = "qrcode" ></div >
                    </div >
                    <div class = "item douyin" >
                        <div class = "qrcode" ></div >
                    </div >
                    <div class = "item kuaishou" >
                        <div class = "qrcode" ></div >
                    </div >
                    <div class = "item tieba" >
                        <div class = "qrcode" ></div >
                    </div >
                </div >
                <div class = "video" >
                    <video 此处省略部分视频设置相关代码 >
                        <source src = "此处省略部分路径相关代码" >
                    </video >
                </div >
            </div >
        </div >
        <div class = "footer -2" ></div >
        <div class = "footer -3" ></div >
    </div >
</div >
```

接下来开始书写 CSS 样式代码，首先进行页面的样式重置：

```css
/* 重置默认样式 */
*{margin:0; padding:0;}
ul{list - style: none;}
```

```
a{text-decoration:none;}
```

然后设置页面背景颜色、大致的显示宽度：

```
.footer{
    min-width:1000px;
    padding:100px 0;
    background-color:#01164b;
}

.footer .container{
    width:86%;
    margin:0 auto;
    color:#265b8c;
}
```

接着将第一部分左右按照 7∶3 的比例分配宽度：

```
.footer-1{
    display:flex;
}
/* footer 第一部分左右 */
.footer-1 .footer-1-left{
    width:70%;
}
.footer-1 .footer-1-right{
    width:30%;
    border-left:1px solid #1b2e5d;
}
```

接着设置左侧 logo 的样式（img 标签中的图片只要设置了高度或宽度其中一项，另一项就会随之等比例变化）：

```
.footer-1 .footer-1-left .footer-logo{
    padding-bottom:20px;
}
.footer-1 .footer-1-left .footer-logo img{
    width:70%;
}
```

接着是左侧导航列表的样式：

```
.footer-1 .footer-1-left .footer-nav{
    display:flex;
    justify-content:space-evenly;
    padding:20px;
    border-top:1px solid #1b2e5d;
}
```

```
.footer-1 .footer-1-left .footer-nav dl{
    /* 设置列表宽度比例,让父容器正好放下7列 */
    width: 14.28571% ;
    font-size: 16px;
    margin:0 5px;
}
.footer-1 .footer-1-left .footer-nav dl dt{
    line-height: 50px;
}
.footer-1 .footer-1-left .footer-nav dl a{
    display: block;
    line-height: 24px;
    font-size: 14px;
    text-decoration: none;
    color:#3a4c75;
}
```

第一部分右侧标题样式:

```
.footer-1 .footer-1-right .footer-tit{
    padding: 40px 0 30px;
    text-align: center;
    font-size: 20px;
    color: #9caedb;
    font-weight: 400;
    line-height: 1.2;
}
```

右侧分享平台样式:

```
.footer-1 .footer-1-right .gfpt{
    margin-bottom: 30px;
    display:flex;
    justify-content: center;
}

/* 各平台logo样式 */
.footer-1 .footer-1-right .gfpt .item{
    position: relative;
    background-color: #2a3b68;
    border-radius: 5px;
    width: 50px;
    height: 50px;
    margin: 0 10px;
    background-position: center center;
    background-repeat: no-repeat;
    cursor: pointer;
}
```

```
.footer-1 .footer-1-right .gfpt .item:hover{
    background-color: #c30f0f;
}
```

设置各个分享平台的 logo 图标，以及鼠标悬停时 logo 的显示状态：

```
.footer-1 .footer-1-right .gfpt .weixin{
    background-image: url(./images/icon-wx.png);
}
.footer-1 .footer-1-right .gfpt .douyin{
    background-image: url(./images/icon-dy.png);
}
.footer-1 .footer-1-right .gfpt .kuaishou{
    background-image: url(./images/icon-douyin.png);
}
.footer-1 .footer-1-right .gfpt .tieba{
    background-image: url(./images/icon-tiba.png);
}

.footer-1 .footer-1-right .gfpt .weixin:hover{
    background-image: url(./images/icon-wx2.png);
}
.footer-1 .footer-1-right .gfpt .douyin:hover{
    background-image: url(./images/icon-dy2.png);
}
.footer-1 .footer-1-right .gfpt .kuaishou:hover {
    background-image: url(./images/icon-douyin1.png);
}
.footer-1 .footer-1-right .gfpt .tieba:hover {
    background-image: url(./images/icon-tiba1.png);
}
```

右侧平台鼠标悬停图标上方显示的二维码样式：

```
.footer-1 .footer-1-right .gfpt .item .qrcode{
    content: ";
    display: block;
    position: absolute;
    width: 100px;
    height: 100px;
    background-image: url(./images/weixin.jpg);
    background-size: 100% 100% ;
    top:0;
    left: 50% ;
    transform: translate( -50% , -128px);
    opacity: 0;
    transition: .5s;
}
```

```
.footer-1 .footer-1-right .gfpt .item:hover .qrcode{
    opacity: 1;
    transform: translate( -50% , -120px);
}

/* 利用边框制作二维码下方的小三角 */
.footer-1 .footer-1-right .gfpt .item .qrcode::after{
    width: 0;
    height: 0;
    content: "";
    border-left: 8px solid transparent;
    border-right: 8px solid transparent;
    border-top: 8px solid #fff;
    position: absolute;
    left: 50%;
    margin-left: -8px;
    bottom: -8px;
    z-index: 12;
}
```

设置另外三个平台的相关二维码图片：

```
.footer-1 .footer-1-right .gfpt .douyin .qrcode{
    background-image: url(./images/douyin.jpg);
}
.footer-1 .footer-1-right .gfpt .kuaishou .qrcode{
    background-image: url(./images/kuaishou.jpg);
}
.footer-1 .footer-1-right .gfpt .tieba .qrcode{
    background-image: url(./images/tiba.jpg);
}
```

右侧视频样式：

```
.footer-1 .footer-1-right .video{
    width: 90% ;
    margin: 0 auto;
}
```

设置 footer-2 部分样式（设置地址和电话文字段落的行高和容器的间距，设置文字最前面小图标的位置）：

```
.footer-2{
    border-top: 1px solid #1b2e5d;
    border-bottom: 1px solid #1b2e5d;
    padding:40px 60px;
    color:#59688c;
    line-height: 35px;
```

```
   font - size:16px;
}
/* 第二部分 地址前的图标样式 */
.footer - 2 > div::before{
   position: relative;
   content: ";
   display:inline - block;
   width: 24px;
   height: 24px;
   top: 5px;
   left: - 2px;
   background - image: url( ./images/icon - addr.png);
}
.footer - 2 > div.tel::before{
   background - image: url( ./images/icon - tel.png);
}
```

设置 footer - 3 部分样式（由于版权需要在友情链接的左侧，所以需要通过弹性盒，修改主轴默认排列方式为从右往左）：

```
.footer - 3{
   padding: 30px 0;
   display: flex;
   justify - content: space - around;
   align - items: center;
   flex - direction: row - reverse;
}
```

版权信息部分样式（设置字体大小，控制边距间隙，控制小图标的显示位置）：

```
.footer - 3 .banquan{
   font - size: 16px;
   color: #59688c;
}
.footer - 3 .banquan b{
   margin: 0 10px;
}
/* 版权部分小图标 */
.footer - 3 .banquan span::before,
.footer - 3 .banquan span::after{
   content: ";
   display:inline - block;
   width: 24px;
   height: 24px;
   position: relative;
   background - image: url( ./images/icon - ba.png);
   background - repeat: no - repeat;
   top:6px;
```

```
    left:3px;
}
.footer-3 .banquan span::after{
    background-image: url(./images/icon-ba2.png);
}
```

友情链接部分（这里的难点是向上展开的效果，需要一些 CSS 技巧）：

```
.footer-3 .f-link{
    text-indent: 1.5em;
    width: 260px;
    margin-left:20px;
    box-sizing: border-box;
    height: 35px;
    line-height: 35px;
    border: 1px solid rgba(255,255,255,.1);
    border-radius: 4px;
}

/* 友情链接升降效果 */
.footer-3 .f-link .link-box{
    box-sizing: border-box;
    width: 260px;
    position: relative;
}

.footer-3 .f-link .link-box ul{
    width: 260px;
    box-sizing: border-box;
    position: absolute;
    bottom:1px;
    left: -1px;
    transition: .5s;
    border-radius: 4px;
    height: 0;
    border: 0;
    overflow: hidden;
}
.footer-3 .f-link>input:checked ~ .link-box ul{
    height: 70px;
    border: 1px solid rgba(255,255,255,.1);
    background-color: #01164b;
}

/* 友情链接鼠标悬停样式 */
.footer-3 .f-link .link-box ul li{
    cursor: pointer;
    width: 260px;
}
.footer-3 .f-link .link-box ul li:hover{
```

```
    background - color: #042065;
    color: #fff;
}


/* 友情链接右侧小三角样式变化 */
.footer - 3 .f - link input{
    display: none;
}
.footer - 3 .f - link label{
    display: block;
    background - image: url( ./images/icon - arrow - down.png);
    background - repeat: no - repeat;
    background - position: 95% center;
    cursor: pointer;
}
.footer - 3 .f - link > input:checked ~ label{
    background - image: url( ./images/icon - arrow - up.png);
}
```

步骤 3：自适应功能的实现。

在 PC 端的效果编写完成以后，接着通过媒体查询功能让页面实现移动端的自适应。在移动端，屏幕宽度变小，意味着页面布局也需要发生一些小小的变化。

首先有一些部分在移动端界面上可以不用显示，通过媒体查询将其隐藏：

```
@ media only screen and ( max - width: 1000px){
    /* 把不需要显示的部分隐藏 */
    .footer .container .footer - 1 .footer - 1 - left .footer - nav,
    .footer .container .footer - 1 .footer - 1 - right{
        display:none;
    }
}
```

页面的整体最小宽度值减小：

```
@ media only screen and ( max - width: 1000px){
    /* 页面整体宽度变化 */
    .footer{
        min - width: 500px;
    }
}
```

logo 图片在移动端的尺寸也适当缩小，字体也缩小一些：

```
@ media only screen and ( max - width: 1000px){
    /* logo 缩小 */
    .footer - 1 .footer - 1 - left .footer - logo img{
        width: 50% ;
```

```
}
/* footer-2 部分字体缩小 */
    .footer-2{
        font-size:12px;
    }
}
```

第三部分中版权信息和友情链接两部分容器的排列方式修改为默认的垂直排列：

```
@ media only screen and (max-width: 1000px){
    .footer-3{
        display: block;
    }

    .footer-3 .f-link{
        margin: 20px auto;
    }

    .footer-3 .banquan{
        font-size:12px;
        text-align: center;
    }
}
```

反复测试页面，看看是否存在之前没有考虑到的 bug，并及时解决。一个完美的页面是不可能一蹴而就的，只有经过反复打磨的作品才能被奉为经典。设计网页时，一定要多思考，并反复测试，做到有问题尽早发现，及时解决。

以上通过媒体查询的功能制作了一个能够在 PC 端和移动端都实现自适应的页面。媒体查询是实现响应式的基础，一定要熟练掌握。以后在实际工作中，更多地会使用 BootStrap 这样的前端框架来实现响应式。但归根到底，基本都是基于媒体查询功能编写的代码，掌握响应式的底层原理是非常重要的。

项目七

综合网页制作

项目导读

在网页制作中，不仅需要设置元素的样式，还需要将元素放置在网页的指定位置上。网页布局可以帮助我们达到将元素放置在指定位置的目的，而 CSS 的三种布局机制即为网页布局的核心，这三种布局机制分别为标准流（普通流）、浮动和定位。本项目介绍如何使用 CSS 的三种布局机制进行综合网页制作。

学习目标

- 熟悉 CSS 布局机制的概念和作用。
- 掌握标准流布局机制的理论与应用。
- 熟悉浮动布局机制的理论与应用。
- 掌握定位布局机制的理论与应用。

职业能力要求

- 具有一定的网页布局基础知识。
- 熟悉 CSS 三种布局机制的使用方法。
- 具有一定的任务分析能力，能够分析出一个网页中需要用到哪几种布局机制。
- 具有良好的自主学习能力，在学习和工作的过程中能够灵活运用互联网查找信息并解决实际问题。

项目实施

本项目包括网页布局中的标准流、网页布局中的浮动、网页布局中的定位。通过每个详细知识点的案例以及巩固提升任务，介绍了盒子模型的概念与常用 CSS 属性、标准流布局机制、浮动的设置与应用、定位的设置与应用。

任务 7.1　运用标准流制作网页

学习目标

知识目标：盒子模型的概念与相关属性，标准流的排版布局方式。

能力目标：能在网页中添加盒子模型，能够设置盒子模型的外边距、内边距、边框、背景等样式，能够利用标准流布局机制制作网页。

素养目标：培养学生的动手能力、自主学习能力。

建议学时

6 学时。

任务实施

网页标准流是网页布局的三种机制之一，本任务通过制作图 7 – 1 所示的效果让大家了解标准流的相关内容，制作步骤如下。

步骤 1： 分析网页结构。

由图 7 – 1 可知，网页可以由 7 个容器组成，第一个容器中包含了一个子容器，子容器中包含文字 "分类导航"，其余 6 个容器除了所含文字不同外，与第一个容器结构基本相同。

文字部分可以使用 p 标签制作，利用项目一中所学文本属性设置居中方式、大小、粗细即可。

容器部分可以使用 div 标签制作盒子模型，利用盒子模型的相关属性设置背景颜色、边框样式等。

步骤 2： 分析网页布局。

通过效果图与步骤 1 中的结果可知：网页中各元素采用了默认布局方式，即标准流布局排版。在此基础上，仅需利用盒子模型设置边距进行位置微调，即可达到图 7 – 1 所示效果。

步骤 3： 新建 HTML 文档。

制作一个网页，首先需要大家利用 HBuilder X 新建一个 HTML 文件。

步骤 4： 添加网页元素。

根据步骤 1 中分析结果，向 < body > </ body > 标签中添加指定标签，具体代码如下所示：

图 7 – 1　任务效果图

```
< div >
    < div > < p > 分类导航 </ p > </ div >
</ div >
< div > < p > HTML/CSS </ p > </ div >
< div > < p > JavaScript </ p > </ div >
< div > < p > 服务器 </ p > </ div >
< div > < p > 数据库 </ p > </ div >
< div > < p > 数据分析 </ p > </ div >
< div > < p > 移动端 </ p > </ div >
```

步骤 5： 设置元素样式。

根据效果图，设置第一个容器及其子元素相关样式如下：

```
.box1{
    width:176px;
    height:41px;
    background-color:#e9e9e9;
}
.box1 div{
    width:138px;
    height:31px;
    margin:0 auto;
    background-color:#efefef;
    text-align:center;
}
.box1 p{
    padding-top:5px;
    font-size:16px;
    color:#64854c;
    font-weight:bold
}
```

剩下 6 个容器及其子元素样式相同，具体代码如下所示：

```
.box2{
    width:176px;
    height:37px;
    text-align:center;
    background-color:rgb(246,244,240);
    border-top:1px solid white;
}
.box2 p{
    font-size:12px;
    padding:5px 0;
    line-height:27px;
    font-weight:700;
}
```

此外，为了消除元素自身内外边距对网页造成的影响，在网页中添加如下 CSS 代码：

```
*{
    margin:0px;
    padding-top:0px;
}
```

然后为第一个容器添加 class 属性，并将属性值设置为"box1"；其余六个容器也添加 class 属性，将属性值设置为"box2"。

相关知识

1. 盒子模型

盒子模型是使用 CSS 进行网页布局的基础，也是 CSS 最核心的内容之一。掌握了盒子模型的规律和特征，才能更好地控制网页中各个元素。

（1）认识盒子模型

盒子模型是一种概念模型，它将 HTML 页面中的元素看作一个"盒子"，这个盒子由元素内容（content）、内边距（padding）、边框（border）和外边距（margin）组成，如图7-2所示。

图 7-2 盒子模型

（2）元素内容

元素内容指元素中包含的一些文本、图片、视频等内容，这些内容所在区域可称为"元素内容区域"。"元素内容区域"也有相关 CSS 属性，可以进行诸如尺寸、背景颜色、背景图片的样式设置，其中常用属性见表7-1。

表 7-1 元素内容区域相关属性表

属性名	描述
width	设置元素内容区域的宽度
height	设置元素内容区域的高度
background – color	设置元素背景颜色
background – image	设置元素背景图片
background – repeat	设置背景图片平铺方式
background – position	设置背景图片的开始显示位置

- width 与 height

在 CSS 中，可以通过 width 属性和 height 属性控制盒子的宽度和高度，两个属性的属性值可以是不同单位的数值、相对于父元素的百分比，语法规则如下：

```
选择器{
    width:数值/百分比;/*控制盒子的宽*/
    height:数值/百分比;/*控制盒子的高*/
}
```

【示例 7-1】通过 width 与 height 属性来控制网页中段落文本的宽、高。

```
<!DOCTYPE html>
<html>
<head>
    <meta charset = "utf-8">
    <title>Title</title>
    <style>
        p{
            background:#CCC;/*设置段落的背景颜色*/
            border:8px solid #00f; /*设置段落的边框*/
        }
        .box{
            width:200px; /*设置段落的宽度*/
            height:80px; /*设置段落的高度*/
        }
    </style>
</head>
<body>
    <p>默认段落文本</p>
    <p class = "box">盒子模型的宽、高控制</p>
</body>
</html>
```

示例运行效果如图 7-3 所示。

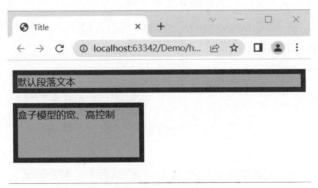

图 7-3 盒子模型的宽和高

需要注意的是，width 属性和 height 属性仅指盒子元素内容区域的宽度和高度，其周围的内边距、外边距、边框是另外计算的。大多数浏览器盒子模型的总宽度和总高度的计算原则是：

盒子的总宽度 = width + 左右内边距之和 + 左右边框宽度之和 + 左右外边距之和

盒子的总高度 = height + 上下内边距之和 + 上下边框高度之和 + 上下外边距之和

● background – color

background – color 属性用于设置背景颜色，属性值可以是英文单词、十六进制颜色代码、rgb 值及 rgba 值，其语法规则如下：

```
选择器{
    background - color:属性值;
}
```

【**示例 7 – 2**】通过 background – color 属性设置段落背景颜色。

```
<!DOCTYPE html >
<html >
<head >
    <meta charset = "utf - 8" >
    <title >Title </title >
    <style >
        .p1{
            background - color:#CCCCCC;
        }
    </style >
</head >
<body >
    <p >默认段落文本 </p >
    <p class = "p1" >盒子模型的背景颜色 </p >
</body >
</html >
```

示例 7 – 2 中设置第二个段落的背景颜色为 "#CCCCCC"，运行效果如图 7 – 4 所示。从效果图中可以看出，未设置 background – color 属性的段落按默认样式显示，设置了 background – color 属性的段落背景颜色变成了浅灰色。

运行效果如图 7 – 4 所示。

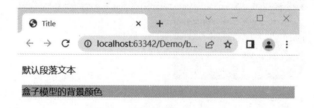

图 7 – 4　盒子模型的背景颜色

● background – image

页面中的元素背景除了可以设置为指定的颜色外，还可以使用 background – image 属性设置为图像。该属性的属性值为 none 或 url（图片路径)，语法规则如下：

```
选择器{
    background - image:属性值;
}
```

【**示例7-3**】通过 background - image 属性设置 div 背景为指定图片。

```
<!DOCTYPE html >
<html >
<head >
    <meta charset = "utf - 8" >
    <title >Title </title >
    <style >
        div{
            height:500px;
            background - image:url("img/pic02.jpg");
        }
    </style >
</head >
<body >
    <div > </div >
</body >
</html >
```

示例7-3中设置 div 的背景为"pic02. jpg"，从示例效果图7-5中可以看出：div 背景被图片填充，并且因图片较小，网页默认将图像平铺满整个 div 区域。

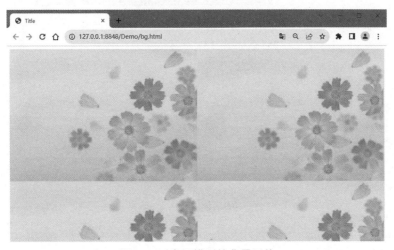

图7-5　盒子模型的背景图片

- background - repeat

有时不需要背景图片铺满整个区域，这时可以使用 background - repeat 属性设置背景图片的平铺方式，该属性有4个属性值：repeat（平铺）、no - repeat（不平铺）、repeat - x（沿水平方向平铺）、repeat - y（沿竖直方向平铺），语法规则如下：

```
选择器{
    background-repeat:属性值;
    }
```

【**示例 7-4**】 通过 background-repeat 属性设置 div 背景图片不平铺。

```
<!DOCTYPE html>
<html>
<head>
    <meta charset="utf-8">
    <title>Title</title>
    <style>
        div{
            height:500px;
            background-image:url("img/pic02.jpg");
            background-repeat:no-repeat;
        }
    </style>
</head>
<body>
    <div></div>
</body>
</html>
```

示例 7-4 效果如图 7-6 所示, 将 background-repeat 的属性值设置为 no-repeat 后, 背景图片不再铺满整个区域, 并且背景图片默认从元素左上角开始显示。

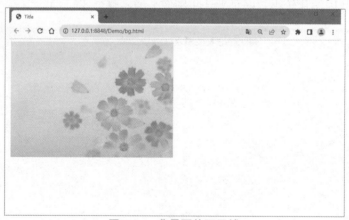

图 7-6 背景图片不平铺

* background-position

默认情况下, 背景图像都是从元素的左上角开始显示的, 使用 background-position 属性可以更改背景图像的开始显示位置, 其语法规则如下:

```
选择器{
    background-position:水平位置 垂直位置;
    }
```

background – position 属性的水平位置、垂直位置取值见表 7 – 2。

表 7 – 2 **background – position** 属性取值

值	描述
top left top center top right center left center center center right bottom left bottom center bottom right	若仅规定了一个关键词，那么第二个关键词将为"center"
百分比 百分比	父元素宽、高的百分比。 第一个值是水平位置，第二个值是垂直位置。 如果仅规定了一个值，那么另一个值将是50%
数值 数值	常用单位为 px 的数值。 第一个值是水平位置，第二个值是垂直位置。 如果仅规定了一个值，那么另一个值将是50%。 可以混合使用 % 和数值

【示例 7 – 5】 通过 background – position 属性设置 div 背景图片的起始位置。

```
<!DOCTYPE html >
<html >
<head >
    <meta charset = "utf - 8" >
    <title >Title </title >
    <style >
        div{
            height:500px;
            background - image:url( "img/pic02.jpg" );
            background - repeat:no - repeat;
            background - position:300px 100px;
        }
    </style >
</head >
<body >
<div > </div >
</body >
</html >
```

示例 7 – 5 效果如图 7 – 7 所示。用 background – position 重新设置背景图片起始位置后，背景图片将从指定位置开始显示。

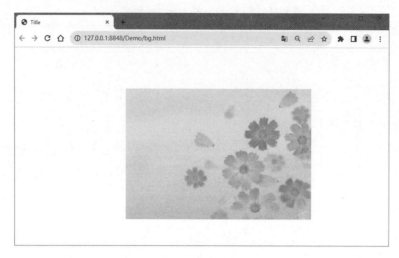

图 7 - 7　背景图片起始位置

（3）内边距

在网页设计中，内边距指的是元素内容与边框之间的距离，也可称为补白、填充。CSS 中通过 padding 属性对内边距进行调整，padding 属性的属性值可以是不同单位的数值、相对于父元素宽度的百分比或 auto，语法规则如下：

```
选择器{
    padding:数值/百分比/auto;
}
```

边框有上、下、左、右四个，对应的内边距也有上内边距、下内边距、左内边距、右内边距。padding 是复合属性，单独设置每个内边距的方法如下：

- padding - top：上内边距。
- padding - right：右内边距。
- padding - bottom：下内边距。
- padding - left：左内边距。

需要注意，padding 的值有四种情况：

- padding:值 1，表示四个内边距相同。
- padding:值 1 值 2，值 1 表示上、下内边距，值 2 表示左、右内边距。
- padding:值 1 值 2 值 3，值 1 表示上内边距，值 2 表示左、右内边距，值 3 表示下内边距。
- padding:值 1 值 2 值 3 值 4，值 1 表示上内边距，值 2 表示右内边距，值 3 表示下内边距，值 4 表示左内边距。

【示例 7 - 6】为元素设置内边距。

```
<!DOCTYPE html>
<html>
<head>
    <meta charset = "utf-8">
    <title>Title</title>
    <style>
        p{
            background:#CCC;/*设置段落的背景颜色*/
            border:8px solid #00f;/*设置段落的边框*/
        }
        .box{
            padding:20px;
        }
    </style>
</head>
<body>
    <p>默认段落文本</p>
    <p class = "box">盒子模型的内边距</p>
</body>
</html>
```

示例 7 - 6 运行效果如图 7 - 8 所示。

图 7 - 8　盒子模型的内边距

（4）边框

网页设计中的边框效果通过一系列的 CSS 边框属性实现，包括边框样式属性、边框宽度属性、边框颜色属性、边框的综合属性、圆角边框属性等，具体见表 7 - 3。

表 7 - 3　边框属性

设置内容	属性名称	常用属性值
边框宽度	border - width	像素值
边框样式	border - style	none 无（默认） solid 单实线 dashed 虚线 dotted 点线 double 双实线

设置内容	属性名称	常用属性值

边框颜色	border – color	颜色值
		#十六进制
		rgb(r,g,b)
		rgba(r,g,b,a)

综合设置边框	border：四边宽度 四边样式 四边颜色	
圆角边框	border – radius	像素值 百分比

- border – width

border – width 属性用于设置边框宽度，是一个复合属性。其基本语法格式为：

```
选择器{
    border – width:宽度值;
}
```

border – width 属性常用属性值是单位为 px 的像素值。该属性的属性值可以有 1~4 个，不同值之间用空格隔开。当仅有一个值时，该值用于设置四个边框的宽度；有两个值时，第一个值用于设置上边框和下边框的宽度，第二个值用于设置左边框和右边框的宽度；有三个值时，第一个值用于设置上边框的宽度，第二个值用于设置左边框和右边框的宽度，第三个值用于设置下边框的宽度；有四个值时，四个值分别设置上边框、右边框、下边框、左边框的宽度。此外，单独设置每一边边框宽度的属性如下：

- border – top – width：上边框宽度。
- border – right – width：右边框宽度。
- border – bottom – width：下边框宽度。
- border – left – width：左边框宽度。

【示例 7 – 7】边框宽度的用法和效果。

```
<!DOCTYPE html >
<html >
<head >
    <meta charset = "utf – 8" >
    <title >Title < /title >
    <style >
        p{
            border – style:solid;
        }
        .box1{
            border – width:10px;
        }
```

```
        .box2{
            border - top - width:20px;
            border - left - width:25px;
            border - bottom - width:30px;
            border - right - width:35px;
        }
    </style>
</head>
<body>
    <p>默认段落文本</p>
    <p class = "box1">盒子模型的复合属性 border - width</p>
    <p class = "box2">盒子模型的边框宽度属性</p>
</body>
</html>
```

示例 7 - 7 运行效果如图 7 - 9 所示。从图中可看出，第二个段落通过 border - width 属性同时设置了四个边的边框宽度，第三个段落通过 border - top - width 属性、border - left - width 属性、border - bottom - width 属性、border - right - width 属性单独设置了每一个边的边框宽度。需要注意，默认情况下盒子边框的样式为 none（无边框），因此，需要先设置边框样式，才能看到盒子边框宽度的实际效果。

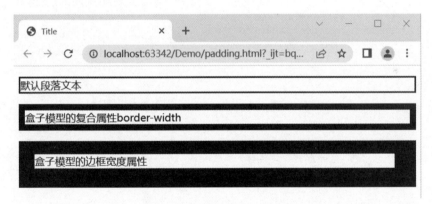

图 7 - 9　盒子模型的边框宽度

- border - style

border - style 属性也是复合属性，在 CSS 属性中用于设置边框样式。其基本语法格式为：

```
选择器{
    border - style:样式;
}
```

其中，常用样式包括 none（无边框）、solid（单实线）、dashed（虚线）、dotted（点线）、double（双实线）。border - style 的属性值可以有 1 ~ 4 个，不同值之间用空格隔开。当仅有一个值时，该值用于设置四个边框的样式；有两个值时，第一个值用于设置上边框和下边框的样式，第二个值用于设置左边框和右边框的样式；有三个值时，第一个值用于设置上边框的样式，第二个值用于设置左边框和右边框的样式，第三个值用于设置下边框的样式；有四个值时，四个值分别设置上边框、右边框、下边框、左边框的样式。此外，单独设置每一边边框样式的属性如下：

- border – top – style：上边框样式。
- border – right – style：右边框样式。
- border – bottom – style：下边框样式。
- border – left – style：左边框样式。

【示例 7 – 8】边框样式的用法和效果。

```html
<!DOCTYPE html >
<html >
<head >
    <meta charset = "utf - 8" >
    <title >Title </title >
    <style >
        .box1{
            border - style:solid;
        }
        .box2{
            border - top - style:solid;
            border - left - style:dashed;
            border - bottom - style:dotted;
            border - right - style:double;
        }
    </style >
</head >
<body >
    <p >默认段落文本 </p >
    <p class = "box1" >盒子模型的复合属性 border - style </p >
    <p class = "box2" >盒子模型的边框样式属性 </p >
</body >
</html >
```

示例 7 – 8 运行效果如图 7 – 10 所示。从图中可看出，第二个段落通过 border – style 属性同时设置了四个边的边框样式，第三个段落通过 border – top – style 属性、border – left – style 属性、border – bottom – style 属性、border – right – style 属性单独设置了每一边的边框样式。

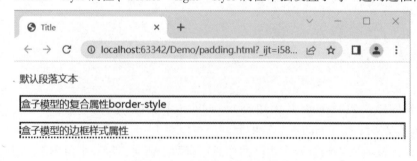

图 7 – 10 盒子模型的边框样式

- border – color

border – color 属性也是复合属性，在 CSS 属性中用于设置边框颜色。其基本语法格式为：

```
选择器{
    border – color:颜色;
}
```

其中，常用颜色的值包括颜色值（各种颜色对应英文单词）、十六进制颜色代码、rgb值、rgba 值。border – color 的属性值可以有 1 ~ 4 个，不同值之间用空格隔开。当仅有一个值时，该值用于设置四个边框的颜色；有两个值时，第一个值用于设置上边框和下边框的颜色，第二个值用于设置左边框和右边框的颜色；有三个值时，第一个值用于设置上边框的颜色，第二个值用于设置左边框和右边框的颜色，第三个值用于设置下边框的颜色；有四个值时，四个值分别设置上边框、右边框、下边框、左边框的颜色。此外，单独设置每一边边框颜色的属性如下：

- border – top – color：上边框颜色。
- border – right – color：右边框颜色。
- border – bottom – color：下边框颜色。
- border – left – color：左边框颜色。

【示例 7 – 9】边框样式的用法和效果。

```
<!DOCTYPE html >
<html >
<head >
    <meta charset = "utf – 8" >
    <title >Title </title >
    <style >
        p{
            border – style:solid;
        }
        .box1{
            border – color:yellow;
        }
        .box2{
            border – top – color:pink;
            border – left – color:#0000ff;
            border – bottom – color:rgb(255,255,0);
            border – right – color:rgba(100,20,0,0.7);
        }
    </style >
</head >
<body >
    <p >默认段落文本 </p >
    <p class = "box1" >盒子模型的复合属性 border – color </p >
    <p class = "box2" >盒子模型的边框颜色属性 </p >
```

```
</body >
</html >
```

示例 7 - 9 运行效果如图 7 - 11 所示。从图中可看出，第二个段落通过 border - color 属性同时设置了四个边的边框颜色，第三个段落通过 border - top - color 属性、border - left - color 属性、border - bottom - color 属性、border - right - color 属性单独设置了每一边的边框颜色。需要注意，默认情况下，盒子边框的样式为 none（无边框），因此，需要先设置边框样式才能看到盒子边框颜色的实际效果。

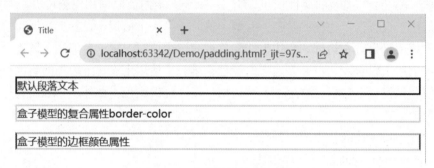

图 7 - 11 盒子模型的边框颜色

- border

使用 border - style、border - width、border - color 虽然可以实现丰富的边框效果，但是这种方式书写的代码繁琐，并且不便于阅读，为此，CSS 提供了更简单的边框设置方式，其基本格式如下：

```
选择器{
    border:宽度 样式 颜色;
}
```

上面的设置方式中，宽度、样式、颜色的顺序不分先后，可以只指定需要设置的属性，省略的部分将取默认值（样式不能省略）。当每一侧的边框样式都不相同或只需设置某一侧的边框时，可以使用单侧边框的综合属性进行设置，单边综合属性如下：

- border - top：上边框综合属性。
- border - right：右边框综合属性。
- border - bottom：下边框综合属性。
- border - left：左边框综合属性。

下面通过一个案例来演示边框样式的用法和效果。

【示例 7 - 10】 首先使用复合属性 border 为第二个段落设置四条相同的边框，然后使用边框的单侧复合属性设置第三个段落，使其各侧边框显示不同样式，运行效果如图 7 - 12 所示。

```
<!DOCTYPE html >
<html >
<head >
```

```
<meta charset = "utf - 8" >
<title > Title < /title >
<style >
    .box1{
        border:10px solid yellow;
    }
    .box2{
        border - top:10px solid pink;
        border - left:10px dashed #0000ff;
        border - bottom:10px dotted rgb(255,255,0);
        border - right:10px double rgba(100,20,0,0.7);
    }
</style >
</head >
<body >
    <p >默认段落文本 < /p >
    <p class = "box1" >盒子模型的复合属性 border < /p >
    <p class = "box2" >盒子模型的综合边框属性 < /p >
</body >
</html >
```

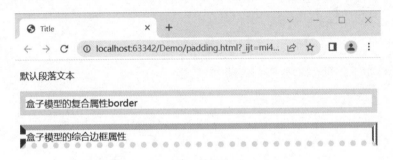

图 7 – 12　盒子模型的边框综合属性

- border – radius

在网页设计中，经常需要设置圆角边框，运用 CSS3 中的 border – radius 属性可以将矩形边框圆角化，其基本语法格式为：

```
选择器{
    border - radius:参数 1/参数 2;
}
```

【示例 7 – 11】元素的圆角边框设置。

```
<!DOCTYPE html >
<html >
<head >
    <meta charset = "utf - 8" >
    <title > Title < /title >
```

```
<style>
    p{
        border:20px solid black;
        padding:10px;
        width:210px;
    }
    .box1{
        border-radius:20px/10px;
    }
    .box2{
        border-radius:15px 7px/10px 2px;
    }
    .box3{
        border-radius:15px 0px 5px/10px 0px 14px;
    }
    .box4{
        border-radius:15px 17px 19px 20px/10px 12px 14px 16px;
    }
</style>
</head>
<body>
<p>默认段落文本</p>
<p class="box1">盒子模型的圆角边框:一个值</p>
<p class="box2">盒子模型的圆角边框:两个值</p>
<p class="box3">盒子模型的圆角边框:三个值</p>
<p class="box4">盒子模型的圆角边框:四个值</p>
</body>
</html>
```

图 7 – 13 所示为示例 7 – 11 代码运行效果。

图 7 – 13　盒子模型的圆角边框

需要注意的是,当应用值复制原则设置圆角边框时,如果"参数 2"省略,则会默认等于"参数 1"的参数值。此时圆角的水平半径和垂直半径相等。例如,设置 4 个参数值的示例代码:

```
img{border - radius:50px 30px 20px 10px/50px 30px 20px 10px;}
```

可以简写为：

```
img{border - radius:50px 30px 20px 10px;}
```

（5）外边距

在网页设计中，外边距指的是边框与相邻元素之间的距离。CSS 中通过 margin 属性对外边距进行调整，margin 属性的属性值可以是不同单位的数值、相对于父元素宽度的百分比或 auto，语法规则如下：

```
选择器{
    margin:数值/百分比;
    }
```

其中，margin 的值有四种情况：一个值为四边、两个值为上下/左右、三个值为上/左右/下、四个值为上/右/下/左。此外，margin 是复合属性，单独设置每个外边距的方法如下：

- margin - top：上外边距。
- margin - right：右外边距。
- margin - bottom：下外边距。
- margin - left：左外边距。

通过一个案例来演示外边距的用法和效果。

【示例 7 - 12】新建 HTML 页面，在页面中添加两个段落，一个段落设置外边距，另外一个不设置外边距，通过对比展示两者的不同。

```
<!DOCTYPE html >
<html >
<head >
    <meta charset = "utf - 8" >
    <title >Title < /title >
    <style >
        p{
            background:#CCC;/*设置段落的背景颜色*/
            border:8px solid #00f;  /*设置段落的边框*/
            }
        .box{
            margin:20px;
            }
    < /style >
< /head >
<body >
<p >默认段落文本 < /p >
<p class = "box" >盒子模型的外边距 < /p >
< /body >
< /html >
```

运行效果如图 7 - 14 所示。

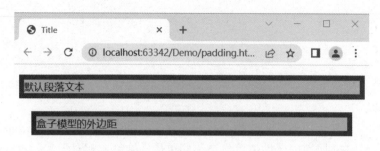

图 7 – 14 盒子模型的外边距

需要注意的是，当盒子的外边距设置为 auto 时，表示外边距不确定，由浏览器分配。一般情况下，当左、右外边距设置为 auto 时，即可实现该元素在父元素中水平居中的效果。

2. 块级元素

块级元素定义后，在浏览器中为一个矩形。块级元素可设置宽高、占据整行、与相邻的块级元素依次垂直排列。换句话说，默认情况下，块级元素的宽度是浏览器长度的 100%。块级元素内部可以嵌套块级元素或行内元素，常见的块级元素有 div、p、ol、ul、br、h1 ~ h6 等。

3. 行内元素

行内元素又称内联元素，不可设置宽、高，仅能被内容自动撑开。在浏览器中可以与其他行内元素共占一行，只有当多个元素的总宽度大于浏览器的宽度时，才会换行显示。行内元素内部虽然也可以嵌套块级元素及行内元素，但是不建议在行内元素中嵌套块元素，这样不符合开发规范，并且会导致行内元素也独占一行。常见的行内元素有 a、span、strong、b、em、i、img、input、select 等。

4. 标准流

标准流也称为普通流，指的是元素在浏览器中的默认排版方式。针对块级元素，浏览器默认各元素独占一行，从上到下依次排列。

【示例 7 – 13】通过示例演示块级元素的默认排版方式，效果如图 7 – 15 所示。

```
<!DOCTYPE html>
<html>
<head>
    <meta charset = "utf -8" >
    <title>Title</title>
    <style>
        div{
            background - color:yellow;
            margin - bottom:5px;
        }
    </style>
</head>
<body>
  <div>块级元素</div>
  <div>块级元素</div>
```

```
<div>块级元素</div>
</body>
</html>
```

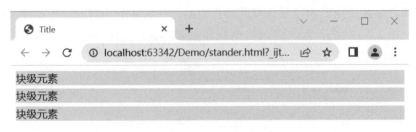

图 7 – 15　块级元素在标准流中的排版

对于行内元素，浏览器默认其从左到右按顺序排列，碰到父元素边缘则自动换行，如图 7 – 16 所示。

图 7 – 16　行内元素在标准流中的排版

【示例 7 – 14】行内元素的默认排版方式。

```
<!DOCTYPE html>
<html>
<head>
    <meta charset = "utf - 8">
    <title>Title</title>
    <style>
        span{
            margin - left:5px;
        }
    </style>
</head>
<body>
  <span>行内元素</span>
  <span>行内元素</span>
  <span>行内元素</span>
  <br/>
  <span>行内元素行内元素行内元素行内元素行内元素行内元素行内元素行内元素行内元素
行内元素</span>
</body>
</html>
```

巩固提升

1. 任务要求

邮箱有比较专业的办公功能，一方面能保护公司资料，另一方面也提高了工作效率，此外，统一邮箱对提升学校形象也是有帮助的。因此，在实际的项目开发中，经常需要制作邮件登录页面，图 7 − 17 所示为"江西机电职业技术学院"邮件登录页，请参考图中样式，利用所学知识进行网页制作。

图 7 − 17　邮件登录页面

2. 任务实施

（1）分析网页结构

从效果图中可以看出，网页整体为上、中、下结构。核心部分在中部，提供了扫码、手机号、账号秘密三种登录方式。依据所学知识，可基本利用标准流实现布局。

（2）新建 HTML 文件

利用编码软件新建一个 HTML 文件，作为网页制作的基础。

（3）添加网页元素

根据（1）中的分析结果，向 < body > < /body > 标签中添加指定标签，核心代码如下所示：

```
    <!-- 中间部分 -->
<div class = "page - body clearfix" >
    <div class = "right" >
    <div class = "tit" >
        <h3 class = "active" >
```

```
                <a href = "#" >扫码登录 </a >
                <div class = "cur_line" > </div >
            </h3 >
            <h3 >
                <a href = "#" >手机号登录 </a >
                <div class = "cur_line" > </div >
            </h3 >
        </div >
        <div class = "content" >
            <div class = "qrcode" >
                <img src = "./images/0b88c23f567b6ef71b88dea91b43e36f.png" >
            </div >
            <p >同时支持企业微信和微信扫码验证 </p >
        </div >
        <div class = "bottom" >
            <a href = "#" >账号密码登录 </a >
        </div >
    </div >
</div >
```

（4）实现网页布局与样式

根据效果图，设置网页样式与布局，核心 CSS 代码如下：

```
.page - body .right{
    font - size: 16px;
    margin: 0 auto;
    width: 350px;
    height: 370px;
    background - color: #F9FCFF;
    border - radius: 5px;
    border: 1px solid #ACC2E4;
}
.page - body .right .tit{
    padding - top: 30px;
    display: flex;
    justify - content: center;
}
.page - body .right .tit a{
    padding: 0 20px;
    font - size: 16px;
    font - weight: normal;
    color: #34599d;
    text - decoration: none;
}
.page - body .right .tit h3 >div{
    width: 40px;
    margin: 8px auto 0;
    border: 1px solid #34599D;
```

```
        display: none;
    }
    .page – body .right .tit h3 .active > div{
        display: block;
    }
    /* 登录部分 */
    .page – body .qrcode{
        width: 170px;
        height: 170px;
        border: 1px solid #ccc;
        margin: 20px auto 10px;
    }
    .page – body .qrcode img{
        display: block;
        width: 152px;
        height: 152px;
        margin: 9px auto;
    }
    .page – body .qrcode + p{
        color: #888;
        font – size: 12px;
        text – align: center;
    }
    .page – body .bottom{
        width: 100%;
        height: 40px;
        line – height: 40px;
        font – size: 14px;
        text – align: center;
        background – color: #EAF4FF;
    }
    .page – body .bottom a{
        color: #34599d;
        text – decoration: none;
    }
```

任务 7.2　运用浮动制作网页

学习目标

　　知识目标：浮动的概念，浮动设置的关键技术，清除浮动的意义。

　　能力目标：能为元素设置合适的浮动方式，能利用不同方式降低浮动元素对标准流造成的影响。

　　素养目标：培养学生的动手能力、自主学习能力。

建议学时

　　6 学时。

任务实施

一个网页的制作常常需要使用不同的布局方式，本任务主要使用"浮动"制作简单的页面。下面以图 7-18 所示的网页为例来说明如何制作包含浮动布局的网页。

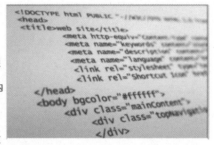

图 7-18　任务效果图

步骤 1：分析网页结构。

从效果图中可以看出，网页中包含段落和图片两类元素。依据上一任务所学知识，标准流无法实现该布局。想要实现图片浮动在文字右边，可以使用 CSS 布局中的浮动。

步骤 2：新建 HTML 文件。

利用编码软件新建一个 HTML 文件，作为网页制作的基础。

步骤 3：添加网页元素。

根据步骤 1 中的分析结果，向 < body > </body > 标签中添加指定标签，具体代码如下所示：

```
<p > <img src = "img/pic1.png" alt = "" >前端开发是创建 Web 页面或 APP 等前端界面呈现给用户的过程,通过 HTML、CSS 及 JavaScript 以及衍生出来的各种技术、框架、解决方案,来实现互联网产品的用户界面交互。前端开发从网页制作演变而来,名称上有很明显的时代特征。在互联网的演化进程中,网页制作是 Web1.0 时代的产物,早期网站主要内容都是静态,以图片和文字为主,用户使用网站的行为也以浏览为主。随着互联网技术的发展和 HTML5、CSS3 的应用,现代网页更加美观,交互效果显著,功能更加强大。前端开发跟随移动互联网发展带来了大量高性能的移动终端设备应用。HTML5、Node.js 的广泛应用,各类 UI 框架、JS 类库层出不穷,开发难度也在逐步提升。</p >
```

步骤 4：实现网页布局。

根据图 7-18，设置图片向右浮动：

```
img{
    float:right;
}
```

相关知识

默认情况下，网页中各元素按标准流排版方式布局，这种布局模式局限性较多，制作出的网页也会比较呆板、不美观。本节介绍 CSS 中的另一种常用布局方式：浮动。

1. 浮动的概念

浮动是 CSS 中常用的一种技术，能够方便进行布局。通过浮动可以让元素脱离标准流浮动起来，浮动后可以左右移动，直至它的外边缘遇到父元素边框或者另一个浮动元素的边缘，也可以通过 margin 属性调整位置。

2. 设置浮动

（1）浮动属性 float

CSS 中使用 float 属性设置元素浮动，具体语法格式如下：

```
选择器{
    float:属性值;
}
```

在上述语法中，float 的属性值有三个，具体见表 7 - 4。

表 7 - 4　float 属性值

属性值	描述
none	不浮动（默认值）
left	元素向左浮动
right	元素向右浮动

- 属性值 none 是默认值，表示元素不浮动，设置为该值的元素按标准流排版方式布局。

【示例 7 - 15】演示 none 属性值的显示效果。运行效果如图 7 - 19 所示。

```
<!DOCTYPE html >
<html >
<head >
    <meta charset = "utf -8" >
    <title >Title </title >
    <style >
        div{
            width: 150px;
            height: 150px;
            margin -bottom: 5px;
            background -color: gray;
            float: none;
        }
    </style >
</head >
```

```
<body >
    <div >float 属性值为 none </div >
    <div >float 属性值为 none </div >
</body >
</html >
```

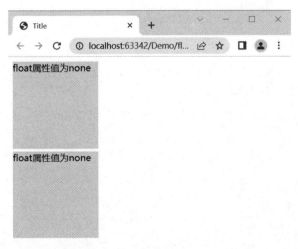

图 7 - 19　默认浮动方式

● 属性值 left 表示元素左浮动，设置为该值的元素向左浮动，直至它的外边缘遇到父元素边框或者另一个浮动元素的边缘。

【示例 7 - 16】演示 left 属性值的显示效果。运行效果如图 7 - 20 所示。

```
<!DOCTYPE html >
<html >
<head >
    <meta charset = "utf - 8" >
    <title >Title < /title >
    <style >
        div{
            width: 150px;
            height: 150px;
            margin - bottom: 5px;
            background - color: yellow;
            float: left;
        }
    < /style >
< /head >
<body >
    <div >float 属性值为 left < /div >
    <div >float 属性值为 left < /div >
</body >
</html >
```

图 7 – 20　左浮动

● 属性值 right 表示元素右浮动，设置为该值的元素向右浮动，直至它的外边缘遇到父元素边框或者另一个浮动元素的边缘。

【示例 7 – 17】演示 right 属性值的显示效果。运行效果如图 7 – 21 所示。

```
<!DOCTYPE html >
<html >
<head >
    <meta charset = "utf - 8" >
    <title >Title </title >
    <style >
        div{
            width: 150px;
            height: 150px;
            margin - bottom: 5px;
            background - color: yellow;
            float: right;
        }
    </style >
</head >
<body >
    <div >float 属性值为 right </div >
    <div >float 属性值为 right </div >
</body >
</html >
```

图 7 – 21　右浮动

（2）浮动的特性

设置了浮动的元素具有以下三个非常重要的特性：

- 脱离标准流，不占用标准文档流中的位置。

```
<!DOCTYPE html>
<html>
<head>
    <meta charset = "utf-8">
    <title>Title</title>
    <style>
        .box1{
            width: 150px;
            height: 150px;
            background-color: yellow;
            float: left;
        }
        .box2{
            width: 200px;
            height: 200px;
            background-color: red;
        }
        .box3{
            width: 200px;
            height: 200px;
            background-color: green;
        }
    </style>
</head>
<body>
<div class = "box1"></div>
<div class = "box2"></div>
<div class = "box3"></div>
</body>
</html>
```

　　在上述示例中，box1 设置 float 属性的值为 left，使得第一个 div 出现左浮动。从页面运行效果图 7-22 中可看出，第二个 div 和第三 div 依次上移，占据了第一个 div 原本在标准流中的位置。由此可见，设置了浮动的元素脱离标准流，不再占用标准文档流中的位置。

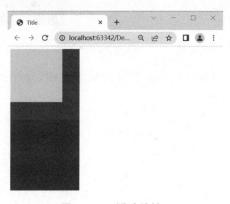

图 7-22　浮动特性 1

● 浮动的元素在一排显示且元素之间默认无缝隙，如果父元素装不下，再另起一行显示。

```
<!DOCTYPE html >
<html >
<head >
    <meta charset = "utf - 8 " >
    <title >Title </title >
    <style >
        .box1{
            width: 200px;
            height: 200px;
            background - color: yellow;
            float: left;
        }
        .box2{
            width: 200px;
            height: 200px;
            background - color: red;
            float: right;
        }
    </style >
</head >
<body >
<div class = "box1" > </div >
<div class = "box2" > </div >
</body >
</html >
```

运行效果如图 7 – 23 所示。

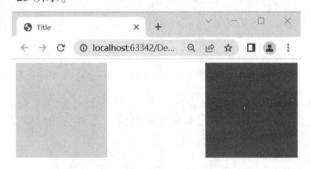

图 7 – 23　浮动特性 2

从上述示例中可以看出，float 属性设置为 right 属性值、left 属性值的两个盒子是排列在同一行的。

```
<!DOCTYPE html >
<html >
<head >
    <meta charset = "utf - 8 " >
    <title >Title </title >
```

```
< style >
    .box1{
        width: 220px;
        height: 200px;
        background - color: yellow;
        float: left;
    }
    .box2{
        width: 220px;
        height: 200px;
        background - color: red;
        float: left;
    }
    .box3{
        width: 220px;
        height: 200px;
        background - color: green;
        float: left;
    }
</ style >
</ head >
< body >
< div class = "box1" > </ div >
< div class = "box2" > </ div >
< div class = "box3" > </ div >
</ body >
</ html >
```

结果如图 7 - 24 所示。

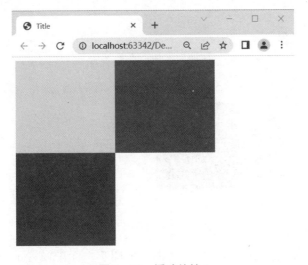

图 7 - 24　浮动特性 3

该示例中的三个盒子均设置了浮动属性为左浮动，默认情况下，这些元素间的间隔为 0，排列在同一行，但三个盒子的总宽度大于父元素的宽度，因此第三个盒子换行显示。

● 任何元素都可以添加浮动，行内元素浮动后，可以直接设置宽高，默认类似于行内块特性，不需要使用 display 属性进行转换。

```html
<!DOCTYPE html>
<html>
<head>
    <meta charset="utf-8">
    <title>Title</title>
    <style>
        *{
            font-size:20px;
        }
        .box1{
            width:100px;
            height:200px;
            background-color:yellow;
            float:left;
        }
        .box2{
            width:200px;
            height:200px;
            background-color:red;
            float:left;
        }
    </style>
</head>
<body>
<span class="box1">行内元素span</span>
<span class="box2">行内元素span</span>
</body>
</html>
```

结果如图 7-25 所示。

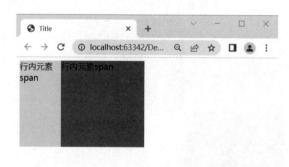

图 7-25　浮动特性 4

CSS 是无法为行内元素 span 设置宽、高的，但图 7-25 中设置了浮动的 span 元素可以设置宽度和高度。

3. 浮动的应用

设置了浮动的元素将脱离标准流，从而会影响下面的标准流元素。为了尽可能降低对标准流的影响，需要给浮动的元素添加一个标准流的父元素。当父元素高度可确定时，通过设置父元素的高可达到降低浮动对标准流影响的目的；当父元素高度不可确定时，通过清除浮动达到降低浮动对标准流影响的目的。下面对两种情况展开叙述。

（1）可确定高度

若浮动元素所在父元素的高可确定，那么直接设置父元素的 width 属性值，就能达到降低浮动对标准流影响的目的。下面以制作图 7－26 所示效果为例，来演示浮动的应用。

分析图 7－26 中的效果可知，至少需要在网页中添加三个盒模型，并且第一个、第二个盒模型为左浮动，参考代码如下，效果如图 7－27 所示。

图 7－26　可确定高度的应用

```
<!DOCTYPE html >
<html >
<head >
    <meta charset = "utf -8" >
    <title >Title </title >
    <style >
        .one{
            float: left;
            width: 200px;
            height: 200px;
            background - color: pink;
        }
        .two{
            float: left;
            width: 200px;
            height: 300px;
            background - color: yellow;
        }
        .three{
            width: 400px;
            height: 200px;
            background - color: red;
        }
    </style >
</head >
<body >
    <div class = "one" > </div >
    <div class = "two" > </div >
    <div class = "three" > </div >
</body >
</html >
```

从示例效果图 7－27 中可以看出：页面中第一个 div、第二个 div 受浮动属性影响，排列在一行，位于网页的左边，但看不到第三个 div。出现如上效果的主要原因是：受浮动特性的影响，设置了浮动的前两个 div 脱离标准流，不再占有标准流中的位置，第三个 div 仍在标准流中直接上移，被前两个 div 覆盖住了。

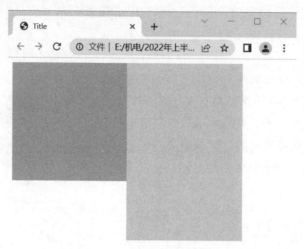

图 7 – 27　示例效果图

第一个 div 的高度为 200 px，第二个 div 的高度为 300 px，可以为两者添加一个标准流的父元素 div，并将其高度设置为两个子 div 中高度的最大值（即 300 px），即可消除浮动带来的显示误差。具体参考代码如下：

```
<!DOCTYPE html>
<html>
<head>
    <meta charset = "utf - 8">
    <title>Title</title>
    <style>
        .one{
            float: left;
            width: 200px;
            height: 200px;
            background - color: pink;
        }
        .two{
            float: left;
            width: 200px;
            height: 300px;
            background - color: yellow;
        }
        .three{
            width: 400px;
            height: 200px;
            background - color: red;
        }
        .father{
            height: 300px;
```

```
            }
        </style>
</head>
<body>
<div class = "father">
        <div class = "one"></div>
        <div class = "two"></div>
</div>
        <div class = "three"></div>
</body>
</html>
```

上述代码中，为类名 one、类名 two 的两个 div 添加了类名为 father 的父元素，将父元素的高设置为 300 px，最终得到了如图 7 – 28 所示的效果，达到了预期。需要注意的是，父元素的高度应为子元素高度值中的最大值。

图 7 – 28　父元素设置高度后效果图

（2）不可确定高度

在实际的开发过程中，有时设置了浮动的元素，其高度是被元素中所包含的内容撑开的，高度无法确定。例如：许多网站中的通知公告，其高度是随着公示信息的长短自适应变化的，没有固定值。此时随时可以为其添加标准流父元素，但无法确定父元素的高，难以消除浮动对标准流的影响。为此，CSS 中提供了"清除浮动"功能。

"清除浮动"并不是去除元素的 float 属性，而是清除前面的元素设置浮动后，带给后面元素的影响。清除浮动后，父元素会根据浮动的子元素自动检测高度。清除浮动有四种方式，为了更好地理解这些方式，将以示例 7 – 18 代码为例，分别利用四种方式降低浮动元素对标准流的影响。

【示例 7 – 18】为元素添加浮动效果。

```
<!DOCTYPE html>
<html>
<head>
    <meta charset = "utf-8">
    <title>Title</title>
    <style>
        .one{
            float: left;
            width: 200px;
            height: 200px;
            background-color: pink;
        }
        .two{
            float: left;
            width: 200px;
            height: 300px;
            background-color: yellow;
        }
        .three{
            width: 400px;
            height: 200px;
            background-color: red;
        }
    </style>
</head>
<body>
<div>
    <div class = "one"></div>
<div class = "two"></div>
</div>
    <div class = "three"></div>
</body>
</html>
```

- 额外标签法

在最后一个浮动的元素后，再新加一个元素，设置新元素的 clear 样式值为 both。

对示例 7 – 18 按以下步骤操作：先在第二个浮动元素后新增一个兄弟元素 div，然后设置兄弟元素 div 的 clear 样式属性为 both，如下所示：

```
<div>
    <div class = "one"></div>
    <div class = "two"></div>
    <div style = "clear: both"></div>
<div>
    <div class = "three"></div>
```

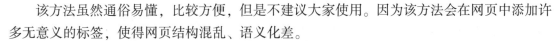

该方法虽然通俗易懂，比较方便，但是不建议大家使用。因为该方法会在网页中添加许多无意义的标签，使得网页结构混乱、语义化差。

- 添加 overflow 属性法

overflow 是一个 CSS 属性，用于定义元素内容溢出元素框时发生的事情。常用属性值见表 7 – 5。

表 7 – 5　overflow 属性常用属性值

属性值	描述
visible	默认值。内容不会被修剪，会呈现在元素框之外
hidden	内容会被修剪，并且其余内容是不可见的
scroll	内容会被修剪，但是浏览器会显示滚动条，以便查看其余的内容
auto	如果内容被修剪，则浏览器会显示滚动条，以便查看其余的内容

为浮动元素的父元素添加 overflow 属性，也可降低浮动对标准流产生的影响。

针对示例 7 – 18，为浮动元素的父元素添加 overflow 属性，属性值可设为任一常用值，即能达到降低浮动对标准流影响的目的。

```
< div style = "overflow:hidden" >
    < div class = "one" > < /div >
    < div class = "two" > < /div >
< /div >
    < div class = "three" > < /div >
```

该方法与额外标签法一样，具有通俗易懂、比较方便的优点，但是同样不建议大家使用。因为在元素内容增多的时候，容易产生不会自动换行的问题，从而导致内容被隐藏，最终导致溢出内容无法显示。

- after 伪元素法

该方法符合闭合浮动思想，结构语义化正确，推荐大家使用。

具体使用方法分为两步：

第一步：在网页代码中引入以下 CSS 代码。

```
.clearfix:after{/* 伪元素是行内元素,正常浏览器清除浮动方法 */
      content: "";
      display: block;
      height: 0;
      clear: both;
      visibility: hidden;
}
.clearfix{
      *zoom: 1;/* ie6 清除浮动的方式,*号只有 IE6 – IE7 执行,其他浏览器不执行 */
}
```

第二步：为浮动元素父元素添加 clearfix 类。

```
<div class = "clearfix">
    <div class = "one"> </div>
    <div class = "two"> </div>
</div>
    <div class = "three"> </div>
```

- 双伪元素法

该方法使用 before 和 after 双伪元素清除浮动，代码比"after 伪元素法"更加简洁，推荐大家使用。

具体使用方法与"after 伪元素法"的相同。

第一步：在网页代码中引入以下 CSS 代码。

```
.clearfix:after,.clearfix:before{
        content: "";
        display: table;
}
.clearfix:after{ clear: both;}
.clearfix{ *zoom: 1;}
```

第二步：为浮动元素父元素添加 clearfix 类。

```
<div class = "clearfix">
    <div class = "one"> </div>
    <div class = "two"> </div>
</div>
    <div class = "three"> </div>
```

巩固提升

1. 任务要求

"新闻中心"是网站一个频繁更新的栏目，也是搜索引擎收录和快速更新的重要栏目。许多网站的其他栏目内容可能长期不变，因此，"新闻中心"也成代表网站活力的象征性栏目。在实际的项目开发中，制作新闻中心页面必不可少，图 7 - 29 所示为"江西机电职业技术学院"新闻中心网页，请参考图中样式，利用所学知识进行网页制作。

2. 任务实施

（1）分析网页结构

从效果图中可以看出，网页整体分为上、中、下三部分。核心部分在中部，提供了学校要闻、通知公告等新闻的预览。依据所学知识，可综合使用标准流、浮动布局进行网页制作。

（2）新建 HTML 文件

利用编码软件新建一个 HTML 文件，作为网页制作的基础。

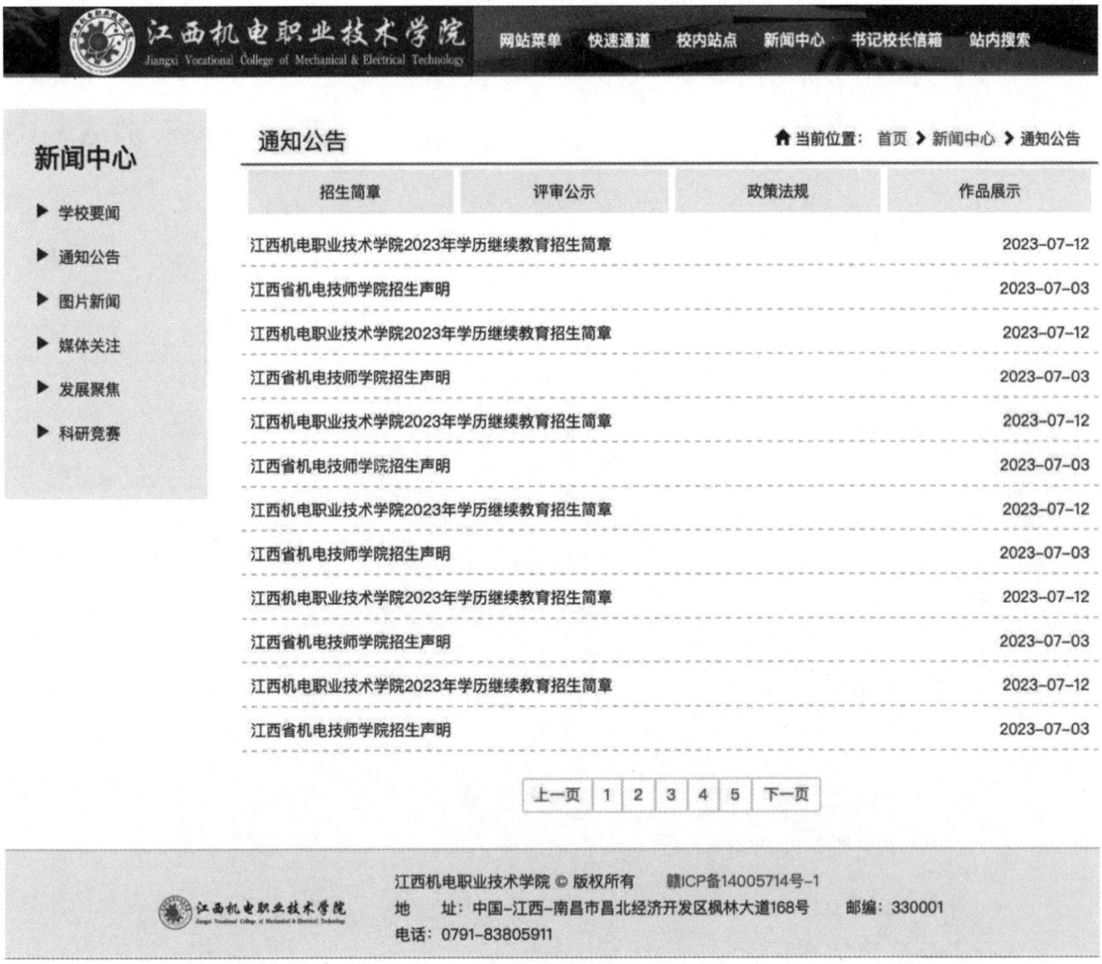

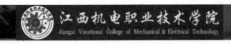

江西机电职业技术学院
Jiangxi Vocational College of Mechanical & Electrical Technology
网站菜单
快速通道
校内站点
新闻中心
书记校长信箱
站内搜索
新闻中心
学校要闻
通知公告
图片新闻
媒体关注
发展聚焦
科研竞赛
通知公告
当前位置：首页 新闻中心 通知公告
招生简章
评审公示
政策法规
作品展示
江西机电职业技术学院2023年学历继续教育招生简章 2023-07-12
江西省机电技师学院招生声明 2023-07-03
江西机电职业技术学院2023年学历继续教育招生简章 2023-07-12
江西省机电技师学院招生声明 2023-07-03
江西机电职业技术学院2023年学历继续教育招生简章 2023-07-12
江西省机电技师学院招生声明 2023-07-03
江西机电职业技术学院2023年学历继续教育招生简章 2023-07-12
江西省机电技师学院招生声明 2023-07-03
江西机电职业技术学院2023年学历继续教育招生简章 2023-07-12
江西省机电技师学院招生声明 2023-07-03
江西机电职业技术学院2023年学历继续教育招生简章 2023-07-12
江西省机电技师学院招生声明 2023-07-03
上一页 1 2 3 4 5 下一页
江西机电职业技术学院
江西机电职业技术学院 © 版权所有 赣ICP备14005714号-1
地　址：中国-江西-南昌市昌北经济开发区枫林大道168号 邮编：330001
电话：0791-83805911

图 7-29　新闻中心页面

(3) 添加网页元素

根据步骤 1 中分析结果，向 <body> </body> 标签中添加指定标签，核心代码如下所示：

```
<!-- 内容部分 -->
  <div class="page-body clearfix">
     <div class="left">
        <h3>新闻中心</h3>
        <ul>
            <li><i class="glyphicon glyphicon-play"></i>学校要闻</li>
            <li><i class="glyphicon glyphicon-play"></i>通知公告</li>
            <li><i class="glyphicon glyphicon-play"></i>图片新闻</li>
```

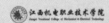

```
                <li><i class="glyphicon glyphicon-play"></i>媒体关注</
li>
                <li><i class="glyphicon glyphicon-play"></i>发展聚焦</
li>
                <li><i class="glyphicon glyphicon-play"></i>科研竞赛</
li>
            </ul>
        </div>
        <div class="right">
            <!-- 右侧标题部分 -->
            <div class="tit">
                <h3>通知公告</h3>
                <div class="cur">
                    <i class="glyphicon glyphicon-home"></i>
                    <span>当前位置：</span>
                    <span><a href="#">首页</a></span>
                    <em class="glyphicon glyphicon-chevron-right"></em>
                    <span><a href="#">新闻中心</a></span>
                    <em class="glyphicon glyphicon-chevron-right"></em>
                    <span>通知公告</span>
                </div>
            </div>
            <!-- 右侧频道导航 -->
            <ul class="channel">
                <li>招生简章</li>
                <li>评审公示</li>
                <li>政策法规</li>
                <li>作品展示</li>
            </ul>
            <ul class="news-list">
                <li><a href="#">江西机电职业技术学院2023年学历继续教育招生简章
</a><span>2023-07-12</span></li>
                <li><a href="#">江西省机电技师学院招生声明</a><span>2023-07
-03</span></li>
                <li><a href="#">江西机电职业技术学院2023年学历继续教育招生简章
</a><span>2023-07-12</span></li>
                <li><a href="#">江西省机电技师学院招生声明</a><span>2023-07
-03</span></li>
                <li><a href="#">江西机电职业技术学院2023年学历继续教育招生简章
</a><span>2023-07-12</span></li>
                <li><a href="#">江西省机电技师学院招生声明</a><span>2023-07
-03</span></li>
                <li><a href="#">江西机电职业技术学院2023年学历继续教育招生简章
</a><span>2023-07-12</span></li>
                <li><a href="#">江西省机电技师学院招生声明</a><span>2023-07
-03</span></li>
                <li><a href="#">江西机电职业技术学院2023年学历继续教育招生简章
</a><span>2023-07-12</span></li>
                <li><a href="#">江西省机电技师学院招生声明</a><span>2023-07
-03</span></li>
```

```
                    <li><a href="#">江西机电职业技术学院2023年学历继续教育招生简章
</a><span>2023-07-12</span></li>
                    <li><a href="#">江西省机电技师学院招生声明</a><span>2023-07
-03</span></li>
                </ul>
                <!--右侧分页导航-->
                <div class="fanye">
                    <ul class="pagination">
                        <li><a href="#">上一页</a></li>
                        <li><a href="#">1</a></li>
                        <li><a href="#">2</a></li>
                        <li><a href="#">3</a></li>
                        <li><a href="#">4</a></li>
                        <li><a href="#">5</a></li>
                        <li><a href="#">下一页</a></li>
                    </ul>
                </div>
            </div>
        </div>
```

（4）实现网页布局与样式

根据效果图，设置网页样式与布局，核心 CSS 代码如下：

```css
.page-body{
    width: 1280px;
    margin: 40px auto 0;
    font-family: "微软雅黑";
}
.page-body .left{
    font-size: 16px;
    float: left;
    width: 240px;
    background-color: #F1F2F4;
    padding: 40px;
}
.page-body .left h3{
    font-size: 30px;
    margin-bottom: 20px;
}
.page-body .left li{
    height: 50px;
    line-height: 50px;
}
.page-body .left li i{
    font-size: 10px;
    margin-right: 10px;
}
```

```
.page-body .right{
    float: right;
    width: 1000px;
    margin-top: 10px;
}
.page-body .right .tit{
    border-bottom: 2px solid #C2191E;
    padding: 0 20px;
}
.page-body .right h3{
    font-weight: normal;
    font-size: 26px;
    line-height: 52px;
    color: #004096;
}
.page-body .right .channel{
    margin-top: 5px;
}
.page-body .right .channel li{
    width: 240px;
    height: 50px;
    line-height: 50px;
    text-align: center;
    font-size: 16px;
    background-color: #F1F1F1;
}
.page-body .right .channel li: hover{
    background-color: #004096;
    color: #fff;
}
.page-body .right .news-list li{
    padding: 0 10px;
    font-size: 16px;
    height: 50px;
    line-height: 50px;
    border-bottom: 1px dashed #ccc;
}
.page-body .right .news-list li a{
    color: #333;
}
.page-body .right .news-list li a: hover{
    color: #004096;
}
.page-body .right .fanye{
    display: flex;
    justify-content: center;
}
```

任务 7.3 运用定位制作网页

学习目标

知识目标：定位的作用，定位的组成，边偏移的作用，不同定位模式的区别。

能力目标：能为元素设置定位模式、边偏移，能分析网页布局，并判断出元素需采用何种定位模式。

素养目标：培养学生的动手能力、自主学习能力。

建议学时

6 学时。

任务实施

"定位"也是网页制作的一种布局机制，本任务主要使用"定位"制作网页。如图7－30所示，网页右侧框住的部分是固定在网页指定位置不动的，下面简单制作位置固定的红框区域，说明如何制作包含定位布局的网页。

图 7－30 任务效果图

步骤1：分析网页结构。

从图中可以看出，框住区域包含四个小的区域，每一个区域中又包含图片、文字两部分，为了定位的方便，可将四个盒子放在一个大盒子中包裹起来。

步骤2：新建 HTML 文件。

利用编码软件新建一个 HTML 文件，作为网页制作的基础。

步骤3：添加网页元素。

根据步骤1中的分析结果，向 < body > </body > 标签中添加指定标签，具体代码如下所示：

```
< ul id = "menu" >
  < li >
    < div > < img src = "info.png" > < /div >
    < div >消息< /div >
  < /li >
  < li >
    < div > < img src = "kefu.png" > < /div >
    < div >官方客服< /div >
  < /li >
  < li >
    < div > < img src = "fankui.png" > < /div >
    < div >反馈< /div >
  < /li >
  < li >
    < div > < img src = "jubao.png" > < /div >
    < div >举报< /div >
  < /li >
< /ul >
```

步骤4：设置元素样式与布局。

根据页面效果设置相关样式，代码如下：

```
* {margin:0;padding:0;}
ul{list - style:none;}
#menu{
 width:50px;
 position:fixed;
 right:0;
 top:50% ;
 transform:translateY( -50% );
}
#menu li{
 width:50px;
 height:50px;
 margin - bottom:10px;
 position:relative;
}

#menu li div:first - of - type{
 width:100% ;
 height:100% ;
 background:red;
 position:relative;
 z - index:2;
}
#menu li div:last - of - type{
 position:absolute;
```

```
left:0px;
top:10px;
background:blue;
width:100px;
height:30px;
color:white;
text-align:center;
line-height:30px;
transition:.5s;
}
#menu li div:last-of-type:after{
content:"";
width:0;
height:0;
display:block;
border:5px transparent solid;
border-left:5px blue solid;
position:absolute;
right:-10px;
top:10px;
}
#menu li:hover div:last-of type{left:-110px;}
```

相关知识

1. 定位

定位是 CSS 中的布局机制之一，通过定位可以自由地将盒子模型定在某个位置。CSS 中的定位由定位模式（position）、边偏移（offset）两部分组成。

2. 边偏移

当元素设置了非默认值的定位模式后，可以通过边偏移来移动元素位置。CSS 中的边偏移属性共有 4 个，具体见表 7-6。

表 7-6　边偏移属性

属性名称	描述
top	定位元素距离定位位置上边的距离
bottom	定位元素距离定位位置下边的距离
left	定位元素距离定位位置左侧的距离
right	定位元素距离定位位置右侧的距离

每个属性的语法格式如下：

```
选择器{
    top:属性值;
    bottom:属性值;
```

```
  left:属性值;
  right:属性值;
  }
```

每个属性的常用属性值相同，具体见表 7−7。

表 7−7　边偏移属性值

属性值	描述
长度	长度值
百分比	相较于父级元素宽、高的百分比
auto	默认值，由浏览器自己分配

需要注意的是，具体数值不仅可以为正值，也可以为负值。

3. 定位模式

定位模式是实现定位的另一个主要内容，通过 CSS 中的 position 定义，具体语法格式如下：

```
选择器{
  position:属性值;
  }
```

该属性共有 4 个常用属性值，见表 7−8。

表 7−8　定位模式属性值

属性值	描述
static	静态定位模式
relative	相对定位模式
absolute	绝对定位模式
fixed	固定定位模式

4. 综合应用

学习了边偏移、定位模式的语法结构和常用属性值后，下面结合两个内容分别介绍几种定位模式的使用方式及特征。

（1）静态定位

当不设置 position 属性或将 position 属性的属性值设置为 static 时，表示该元素采用静态定位模式。该模式对元素定位没有任何要求，所有偏移属性在该模式下都不起作用。

【示例 7−19】为元素设置静态定位和偏移。

```
<!DOCTYPE html >
< html >
< head >
    < meta charset = "utf - 8" >
    < title > Title < /title >
    < style >
        div{
            width: 200px;
            height: 200px;
        }
        .box1{
            background - color: red;
            position: static;
        }
        .box2{
            background - color: yellow;
            position: static;
            top: 100px;
            left: 100px;
        }
    < /style >
< /head >
< body >
 < div class = "box1" > < /div >
 < div class = "box2" > < /div >
< /body >
< /html >
```

　　示例中两个 div 都设置定位模式为静态定位，运行效果如图 7 – 31 所示。从图中可以看出，对两个 div 设置静态定位方式都没有什么影响，即使第二个 div 设置了边偏移，也没有起作用。

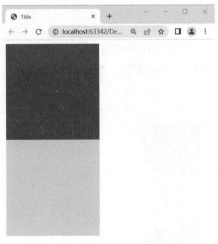

图 7 – 31　静态定位

（2）相对定位

当元素 position 属性的属性值设置为 relative 时，表明该元素采用相对定位模式。设置了

相对定位的元素具有以下特征:

- 如果不设置边偏移属性, 元素位置不会发生任何变化。

【示例 7 - 20】 为元素设置相对定位但不设置偏移。

```
<!DOCTYPE html >
<html >
<head >
  <meta charset = "utf - 8" >
  <title >Title </title >
  <style >
    div{
      width:200px;
      height: 200px;
    }
    .box1{
      background - color: red;
    }
    .box2{
      background - color: yellow;
      position: relative;
    }
    .box3{
        background - color: darkgoldenrod;
        }
  </style >
</head >
<body >
<div class = "box1" > </div >
<div class = "box2" > </div >
<div class = "box3" > </div >
</body >
</html >
```

示例 7 - 20 中, 第二个 div 设置了相对定位, 运行效果如图 7 - 32 所示。从图中可以发现, 仅设置了相对定位但未设置边偏移的第二个盒子显示效果没有影响。

图 7 - 32　未设置边偏移的相对定位

- 元素将参照其在标准流中的位置进行定位。

【示例 7 – 21】 为元素设置相对定位和偏移。

```
<!DOCTYPE html >
<html >
<head >
  <meta charset = "utf - 8" >
  <title >Title </title >
  <style >
    div{
      width:200px;
      height: 200px;
    }
    .box1{
      background - color: red;
    }
    .box2{
      background - color: yellow;
      position: relative;
      top: - 200px;
      left:200px;
    }
    .box3{
        background - color: darkgoldenrod;
        }
  </style >
</head >
<body >
<div class = "box1" > </div >
<div class = "box2" > </div >
<div class = "box3" > </div >
</body >
</html >
```

示例 7 – 21 中，为第二个 div 设置了相对定位和 top、left 两个属性的值，运行效果如图 7 – 33 所示。可见，第二个 div 参照其在标准流中的位置上移 200 px，并右移 200 px。

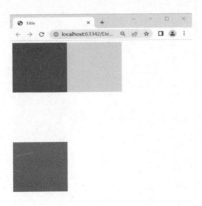

图 7 – 33　设置边偏移的相对定位

- 标准流依旧保留该元素的位置。

示例 7 – 21 中，第二个 div 设置了相对定位和边偏移，第一个 div、第三个 div 均采用默认定位方式。从示例运行效果图 7 – 33 中可以看出，第二个 div 位置的移动并未对第三个 div 产生影响。

（3）绝对定位

当元素 position 属性的属性值设置为 absolute 时，表明该元素采用绝对定位模式。设置了绝对定位的元素具有以下特征：

- 如果不设置边偏移属性，元素位置不会发生任何变化。
- 元素参照距离其最近的设置了定位模式的祖先元素位置进行定位，若祖先元素都没有开启定位，则相对于网页进行定位。

【示例 7 – 22】祖先元素设置定位模式，为元素设置绝对定位和偏移。

```
<!DOCTYPE html >
<html >
<head >
  <meta charset = "utf - 8" >
  <title >Title </title >
  <style >
    * {
      padding: 0;
      margin: 0;
    }
    div{
      width:200px;
      height: 200px;
    }
    .grandfather{
      width: 500px;
      height: 610px;
      border: 5px solid yellow;
      position: relative;
    }

    .father{
      width: 400px;
      height: 600px;
      border: 5px solid black;
      position: relative;
    }
    .box1{
      background - color: red;
    }
    .box2{
      background - color: yellow;
      position: absolute;
      top: 200px;
```

```
      left: 200px;
    }
    .box3{
      background-color: darkgoldenrod;
    }
  </style>
</head>
<body>
<div class="grandfather">
  <div></div>
  <div class="father">
    <div class="box1"></div>
    <div class="box2"></div>
    <div class="box3"></div>
  </div>
</div>
</body>
</html>
```

　　示例中为类名为 box2 的元素设置了绝对定位和偏移，并将类名为 father 的元素设置为相对定位、将类名为 grandfather 的元素也设置为相对定位，运行效果如图 7 – 34 所示。从图中可以看出，box2 相较于 father 向右移动 200 px、向下移动 200 px。

图 7 – 34　设置边偏移的绝对定位

- 标准流不再保留该元素的位置。

示例 7 – 22 中，第二个 div 设置了绝对定位和边偏移，第一个 div、第三个 div 均采用默认定位方式。从示例运行效果图中可以看出，第二个 div 的位置移动后，第三个 div 直接占据了其在标准流中的位置。

（4）固定定位

当元素 position 属性的属性值设置为 fixed 时，表明该元素采用固定定位模式。设置了固定定位的元素具有以下特征：

- 如果不设置边偏移属性，元素位置不会发生任何变化。
- 元素将参照浏览器窗口的位置进行定位。

【示例 7 – 23】 为元素设置固定定位与偏移。

```html
<!DOCTYPE html>
<html>
<head>
    <meta charset = "utf - 8">
    <title>Title</title>
    <style>
        body{
            padding: 0;
            margin: 50px;
        }
        div{
            width:200px;
            height: 200px;
        }
        .box1{
            background - color: red;
        }
        .box2{
            background - color: yellow;
            position: fixed;
            top:100px;
            left: 100px;
        }
        .box3{
            background - color: darkgoldenrod;
        }
    </style>
</head>
<body>
    <div class = "box1"></div>
    <div class = "box2"></div>
    <div class = "box3"></div>
</body>
</html>
```

示例中为第二个 div 设置了绝对定位和偏移，示例运行效果如图 7 – 35 所示。从图 7 –

35 中可以看出，第二个 div 相较于浏览器窗口左上角向右移动 100 px、向下移动 100 px。

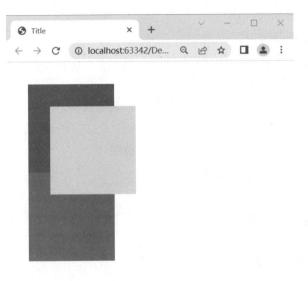

图 7 - 35 设置边偏移的固定定位

- 标准流不再保留该元素的位置。

示例 7 - 23 中，第二个 div 设置了固定定位和边偏移，第一个 div、第三个 div 均采用默认定位方式。从示例运行效果图中可以看出，第二个 div 的位置移动后，第三个 div 直接占据了其在标准流中的位置。

巩固提升

1. 任务要求

轮播图是一种在页面上可以进行循环播放和手动转换的图片元素。它们通常在网站、应用程序或小程序等的首页作为视觉引导出现，用于展示重要的内容或热门信息。图 7 - 36 所示为"江西机电职业技术学院"首页轮播图的效果，请参考图中样式，利用所学知识进行轮播图制作。

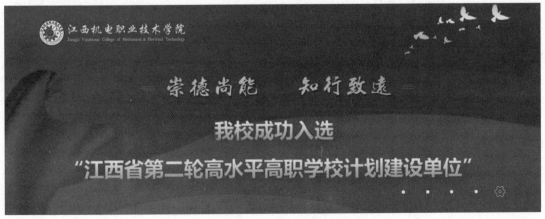

图 7 - 36 网站轮播图

2. 任务实施

（1）分析轮播图结构与功能

轮播图的主要功能需求如下：

①鼠标经过轮播图模块时，显示左右按钮；离开时，隐藏左右按钮。

②单击右侧按钮一次，图片往左播放一张，依此类推，左侧按钮同理。

③图片播放的同时，下面小圆圈模块跟随着一起变化。

④单击小圆圈，可以播放相应图片。

⑤鼠标不经过轮播图时，轮播图也会自动播放图片。

⑥鼠标经过轮播图模块时，自动播放停止。

（2）新建 HTML 文件

利用编码软件新建一个 HTML 文件，作为网页制作的基础。

（3）添加网页元素

根据（1）中的分析结果，向 < body > </body > 标签中添加指定标签，核心代码如下
所示：

```
< div class = "box" >
    < a href = "" class = 'left jiantou' >&lt; </a >
    < a href = "" class = 'right jiantou' >&gt; </a >
    < ul class = 'pic' >
        < li >
            < a href = "#" > < img src = "./images/1.jpg" alt = "" > </a >
        </li >
        < li >
            < a href = "#" > < img src = "./images/2.jpg" alt = "" > </a >
        </li >
        < li >
            < a href = "#" > < img src = "./images/3.jpg" alt = "" > </a >
        </li >
        < li >
            < a href = "#" > < img src = "./images/4.jpg" alt = "" > </a >
        </li >
        < li >
            < a href = "#" > < img src = "./images/5.jpg" alt = "" > </a >
        </li >
    </ul >
    < ul class = "lis" >
        < li > </li >
        < li class = 'selected' > </li >
        < li > </li >
        < li > </li >
        < li > </li >
    </ul >
</div >
```

（4）实现网页布局与样式

根据效果图，设置网页样式与布局，核心 CSS 代码如下：

```css
* {
    margin: 0;
    padding: 0;
}
li {
    list - style: none;
}
.box {
    position: relative;
    overflow: hidden;
    margin: 100px auto;
    width: 520px;
    height: 280px;
    background - color: red;
}
.jiantou {
    font - size: 24px;
    text - decoration: none;
    display: block;
    text - align: center;
    width: 20px;
    height: 30px;
    line - height: 30px;
    background: rgba(158, 154, 154, 0.7);
    color: white;
    z - index: 999;
}
.left {
    position: absolute;
    top: 125px;
    left: 0px;
    border - top - right - radius: 15px;
    border - bottom - right - radius: 15px;
}
.right {
    position: absolute;
    top: 125px;
    left: 500px;
    border - top - left - radius: 15px;
    border - bottom - left - radius: 15px;
}
img {
    width: 520px;
    height: 280px;
}
.box .pic {
    width: 600%;
}
```

```
.pic li {
    float: left;
}
.lis{
    position: absolute;
    bottom: 15px;
    left: 50% ;
    margin - left: -35px;
    width: 70px;
    height: 13px;
    border - radius: 7px;
    background: rgba(158, 154, 154, 0.7);
}
.lis li {
    float: left;
    width: 8px;
    height: 8px;
    margin: 3px;
    border - radius: 50% ;
    background - color: #fff;

}
.lis .selected{
    background - color: cyan;
}
```

（5）涉及 JS 代码

轮播图的实现涉及 JavaScript 代码，本部分内容不要求大家实现，下面直接给出：

```
window.addEventListener('load',function(){
    var left = document.querySelector('.left');
    var right = document.querySelector('.right');
    var box = document.querySelector('.box');
    //鼠标经过轮播图模块,左右按钮显示
    box.addEventListener('mouseenter',function(){
        left.style.display = 'block';
        right.style.display = 'block';
    })
    //鼠标离开轮播图模块,左右按钮隐藏
    box.addEventListener('mouseleave',function(){
        left.style.display = 'none';
        right.style.display = 'none';
    })
    //自动生成小圆圈
    var pic = document.querySelector('.pic');
    var lis = document.querySelector('.lis');
    var boxWidth = box.offsetWidth;
    for(var i = 0;i<pic.children.length;i ++){
```

```
    var li = document.createElement('li');
    lis.appendChild(li);
    //设置索引号
    li.setAttribute('index',i);
    li.addEventListener('click',function(){
        //获得索引号
        var index = this.getAttribute('index');
        num = index;
        circle = index;
        for(var i = 0;i < lis.children.length;i ++){
            lis.children[i].className = '';
        }
        this.className = 'selected';
        animate(pic, - index * boxWidth)
    })
}
lis.children[0].className = 'selected';
//克隆第一个li
var first = pic.children[0].cloneNode(true);
pic.appendChild(first);
var num = 0;
var circle = 0;
//右侧按钮的功能
right.addEventListener('click',function(){
    if(num == pic.children.length - 1){
        pic.style.left = 0;
        num = 0;
    }
    num ++;
    animate(pic, - num * boxWidth);
    circle ++;
    if(circle == lis.children.length){
        circle = 0;
    }
    for(var i = 0;i < lis.children.length;i ++){
        lis.children[i].className = '';
    }
    lis.children[circle].className = 'selected';
})
//左侧按钮的功能
left.addEventListener('click',function(){
    if(num == 0){
        num = pic.children.length - 1;
        pic.style.left = - num * boxWidth + 'px';

    }
    num --;
    animate(pic, - num * boxWidth);
    circle --;
    if(circle < 0){
```

```
                circle = lis.children.length -1;
        }
        for(var i =0;i <lis.children.length;i ++){
            lis.children[i].className = '';
        }
        lis.children[circle].className = 'selected';
    })
    //自动轮播
    var timer = this.setInterval(function(){
        right.click();
    },2000)
})
```

企业网站项目实战

项目导读

前面已经学习了很多关于网站制作的基础知识，也试着做了一些小 demo 进行练习。下面从"江西机电职业技术学院"的官方网站中抽取一部分页面及模块，带着大家一步一步由浅入深。希望通过这一阶段的实战练习，能够让大家对 HTML + CSS 网页设计有更深刻的理解。

学习目标

- 了解一定的网页配色原理。
- 能够合理规划网页中各个功能模块。
- 学会进行网站的发布。

职业能力要求

- 能够按照实际需求规划页面设计。
- 能够掌握网站发布的相关知识。

项目实施

接下来将通过本综合案例，让大家学习如何根据实际需求去规划网页布局，并再次巩固 CSS 网页布局的很多相关知识点。另外，本项目还会介绍一些网站上线发布的相关知识。

任务 8.1 制作企业网站项目

建议学时

12 课时。

任务要求

根据需求，制作网页的设计稿，并将需要用到的素材准备齐全。

相关知识

1. 页面配色

在团队中，通常会有专门的美工人员负责平面设计，他们会对网页制作一份设计稿，设计稿通常情况下是一份 PSD 文件，作为 Web 前端设计人员，需要熟悉一些 PS 的最基本使用，例如将图片素材进行裁剪、导出、变换格式等。但若没有平面设计人员，前端开发人员还得自己负责设计的工作。所以，这就要求前端开发人员具备一定的页面设计基础，至少要学会如何进行页面的简单配色，如何将界面设计得简洁又大方。

为了能让网站更好地吸引用户，能在团队设计的网站上浏览，好的色彩搭配在网站建设和设计的过程中就显得非常重要的，这直接关系到用户的体验。那么网站色彩搭配需要注意哪些问题呢？

（1）颜色要同一

在网页的整体配色中，颜色使用要始终具有同一性，尽量控制在三种色彩以内，避免没有突出主色，网页显得花而乱。不建议用花纹繁复的图案作背景，否则，主要文字内容不能突出。

（2）整体色调要注重

设计网站的时候，如果想要有各种不同的感受，那么整体色调一定要选好，这就需要将颜色的明亮度、纯净度、色相的关系等都把握好，这些都会对网站的整体色调产生影响。

（3）颜色搭配要平衡

颜色的强弱、轻重以及浓淡的平衡，这三种关系都会对颜色的平衡直接产生影响，通常情况下，同类型的色调搭配会更加平衡。

（4）渐变颜色要调和

进行网站设计时，如果需要使用两种或者是两种以上的不调和颜色，为了显得更缓和，不妨在这些颜色当中加入一些渐变色，那么如何才能够获得渐变色呢？在红色、黄色、绿色、蓝色、紫色之间进行搭配，便可获得渐变效果，明度的渐变是从明色到暗色的变化。

2. 页面布局设计

对于如何让一个网站看起来更有设计感这个问题，虽然每个人对高级的设计感的理解不同，但还是要介绍一下如何提升网站的"设计感"。网站页面设计应以简洁大方为原则，整体风格统一，才能达到最佳视觉表现效果。同时，还需要合理地进行整体布局，这样用户在进行浏览时视觉体验感才会好。

简单大气的网站看上去能让更多用户喜爱，网站其实并不需要太多的动画和复杂的颜色，动画太多会影响网页的加载速度，用户浏览的时候也会感觉很麻烦。浏览一个网站时，往往一眼望去最先看到的是图片，因此，网站的图片尤其是 banner 非常重要。提升网站品质的最好方法就是使用具有设计感的图片，图片本身也很能渲染气氛。

网站布局不能让整个网页不突出重点，因此，太满了不行，但留白太多也不行，学会留白是非常重要的。在特定情况下，适当的留白可以更好地凸显主体，产生别样的意味。

了解了以上知识点后，接下来我们进行实战训练。这一次我们选择的案例是从"江西机电职业技术学院"官网挑选出来的部分页面模块。我们将运用 HTML + CSS 对这些页面模块进行重写。

步骤一　做好项目准备工作（创建项目文件夹、收集整理相关素材）

在开始制作项目之前，我们需要创建一个空白的项目文件夹，例如：

微视频 8 - 1

"myproject"，然后在该项目文件夹中创建几个子文件夹"images""js""css"分别用来存放图片素材和 javascript 脚本文件还有 css 样式文件；

接着整理好项目需要用到的图片素材，这里我们可以直接从官网上将这些素材下载下来保存在项目的 images 文件夹中。

步骤二 分析页面框架，按各个功能模块划分确定页面布局（图 8 - 1）

图 8 - 1 功能模块布局效果图

步骤三 开始书写代码

- 网站首页导航和头部幻灯部分

我们先处理最上方的导航栏部分，如图 8-2 所示。

图 8-2 导航部分效果图

首先我们根据页面的层级结构写出主菜单部分对应的 HTML 代码。我们使用一个类名为 nav 的 ul 列表来书写主菜单，每个 li 对应一个菜单项，在菜单项中单独创建一个类名为 icon 的 div 用来显示小图标。相关 HTML 代码如下：

```html
<ul class = "nav" >
    <li >
        <span >
            <div class = "icon icon1" > </div >
            网站菜单
        </span >
    </li >
    <li >
        <span >
            <div class = "icon icon2" > </div >
            快速通道
        </span >
    </li >
    <li >
        <span >
            <div class = "icon icon3" > </div >
            校内站点
        </span >
    </li >
    <li >
        <span >
            <div class = "icon icon4" > </div >
            通知公告
        </span >
    </li >
    <li >
        <span >
```

```
        <div class = "icon icon5" > < /div >
        书记校长信箱
      < /span >
    < /li >
    < li >
      < span >
        <div class = "icon icon6" > < /div >
        站内搜索
      < /span >
    < /li >
< /ul >
```

接着可以开始写主菜单对应的 css 样式代码。首先对页面进行样式重置的操作：

```
/* 样式格式化 */
* {margin: 0;padding: 0;}
ul{list - style: none;}
body{background - color: #f5 f6 f8;}
```

然后设置页面宽度，并按照导航菜单对应的 li 数量将页面宽度进行等分：

```
.nav{
    width: 100% ;
    min - width: 1000px;
}
/* 导航菜单设置 */
.nav li{
    position: relative;
    float:left;
    width:16.666666666% ;
    padding - right:4px;
    box - sizing: border - box;
    height: 40px;
    line - height: 40px;
    color: #fff;
}
```

接着调整主菜单的显示样式（边距间隔、背景颜色以及鼠标悬停在主菜单 li 容器时的样式）：

```
/* 最右侧菜单取消右内边距 */
.nav li:last - child{
    padding - right: 0;
}
/* 将 li 内的 span 容器设置背景为蓝色 */
.nav li span{
    position: relative;
    background - color: #1 f49 ab;
```

```
    display:block;
    text-align: right;
    padding-right:28px;
    cursor: pointer;
}
.nav li:hover span{
    background-color: #b70031;
}
```

设置主菜单中每个 li 左侧的小图标显示位置及对应的图片路径：

```
/* 主菜单对应小图标大小及位置 */
.nav li span .icon{
    width: 24px;
    height: 24px;
    position: absolute;
    left: 9% ;
    top: 50% ;
    width: 24px;
    height: 24px;
    line-height: 24px;
    font-size: 0;
    text-align: center;
    -webkit-transform: translateY( -50% );
    -ms-transform: translateY( -50% );
    -o-transform: translateY( -50% );
    transform: translateY( -50% );
}
/* 设置导航主菜单图标 */
.icon1{background-image: url(". /images/icon/icon-nav-i1.png");}
.icon2{background-image: url(". /images/icon/icon-nav-i2.png");}
.icon3{background-image: url(". /images/icon/icon-nav-ih.png");}
.icon4{background-image: url(". /images/icon/icon-nav-i3.png");}
.icon5{background-image: url(". /images/icon/icon-nav-i11.png");}
.icon6{background-image: url(". /images/icon/icon-nav-i5.png");}
```

完成上面这一步，主菜单部分就算基本完工了。接着可以在主菜单的对应的 li 项目中添加一级子菜单对应的 HTML 代码（类名为 sub1 的 div 部分）：

```
<li>
    <span>
        <div class="icon icon1"> </div>
        网站菜单
    </span>
    <div class="sub1">
        <div class="sub1-item">
            <h3>学校概况</h3>
        </div>
```

```
        < div class = "sub1 - item" >
              < h3 > 招生就业 < /h3 >
        < /div >
        < div class = "sub1 - item" >
              < h3 > 教育教学 < /h3 >
        < /div >
        < div class = "sub1 - item" >
              < h3 > 能工巧匠 < /h3 >
        < /div >
        < div class = "sub1 - item" >
              < h3 > 师资队伍 < /h3 >
        < /div >
        < div class = "sub1 - item" >
              < h3 > 合作交流 < /h3 >
        < /div >
        < div class = "sub1 - item" >
              < h3 > 校园生活 < /h3 >
        < /div >
    < /div >
  < /li >
< /li >
```

接着设置一级子菜单的显示样式：

```
/* 导航条一级子菜单容器整体样式 */
.nav li .sub1{
    text - align: center;
    background - color: #fff;
    color:#000;
    /* height: 0;
    overflow: hidden; */
}
/* 导航条一级子菜单标题字体样式 */
.nav .sub1 h3{
    font - weight: normal;
    font - size: 14px;
}
/* 一级子菜单设置相对定位为内部图标及二级子菜单提供定位参照 */
.nav .sub1 .sub1 - item{
    position: relative;
    cursor: pointer;
}
```

分别设置每个一级子菜单项目对应的左侧小图标：

```
/* 子菜单左侧图标定位及路径设置 */
.nav .sub1 .sub1 - item h3::before{
    display:block;
    content: ";
```

```
    position: absolute;
    top:50% ;
    transform: translateY( -50% );
    left:5% ;
    background-image: url("./images/icon/icon-sub-i1.jpg");
    width: 22px;
    height: 22px;
}
.nav .sub1 .sub1-item:nth-child(2) h3::before{
    background-image: url("./images/icon/icon-sub-i3.jpg");
}
.nav .sub1 .sub1-item:nth-child(3) h3::before{
    background-image: url("./images/icon/icon-sub-i5.jpg");
}
.nav .sub1 .sub1-item:nth-child(4) h3::before{
    background-image: url("./images/icon/icon-sub-i7.jpg");
}
.nav .sub1 .sub1-item:nth-child(5) h3::before{
    background-image: url("./images/icon/icon-sub-i9.jpg");
}
.nav .sub1 .sub1-item:nth-child(6) h3::before{
    background-image: url("./images/icon/icon-sub-i11.jpg");
}
.nav .sub1 .sub1-item:nth-child(7) h3::before{
    background-image: url("./images/icon/icon-sub-i13.jpg");
}
/* 一级子菜单左侧图标在鼠标悬停时的样式设置 */
.nav .sub1 .sub1-item:nth-child(1) .sub-item:hover h3::before{
    background-image: url("./images/icon/icon-sub-i2.jpg");
}
.nav .sub1 .sub1-item:nth-child(2) .sub-item:hover h3::before{
    background-image: url("./images/icon/icon-sub-i4.jpg");
}
.nav .sub1 .sub1-item:nth-child(3) .sub-item:hover h3::before{
    background-image: url("./images/icon/icon-sub-i6.jpg");
}
.nav .sub1 .sub1-item:nth-child(4) .sub-item:hover h3::before{
    background-image: url("./images/icon/icon-sub-i8.jpg");
}
.nav .sub1 .sub1-item:nth-child(5) .sub-item:hover h3::before{
    background-image: url("./images/icon/icon-sub-i10.jpg");
}
.nav .sub1 .sub1-item:nth-child(6) .sub-item:hover h3::before{
    background-image: url("./images/icon/icon-sub-i12.jpg");
}
.nav .sub1 .sub-item:nth-child(7) .sub-item:hover h3::before{
    background-image: url("./images/icon/icon-sub-i14.jpg");
}
```

设置一级子菜单右侧的尖括号小图标：

```
/* 子菜单右侧尖括号 */
.nav .sub1 .sub1 - item h3::after{
    content: ";
    position: absolute;
    top:50% ;
    transform: translateY( -50% );
    right:5% ;
    background - image: url("./images/icon/icon - arrow - r.png");
    width: 8px;
    height: 13px;
}
```

设置一级子菜单鼠标悬停时的样式：

```
/* 一级子菜单在鼠标悬停时的样式 */
.nav .sub1 .sub1 - item:hover{
    color:#B70031;
    background - color: #f3 f2 ef;
}
```

定义一级菜单向下展开的动画效果，并设置鼠标悬停时应用该动画效果（将一级菜单容器初始高度设置为0，并设置溢出部分全部隐藏）：

```
/* 导航条一级子菜单容器整体样式 */
.nav li .sub1{
    text - align: center;
    background - color: #fff;
    color:#000;
    height: 0;
    overflow: hidden;
}
/* 定义一级子菜单对应动画效果 */
@ keyframes menu1 {
    /* 开始关键帧 - 开始状态 */
    0% {
        height: 0;
        overflow: hidden;
    }
    90% {
        overflow: hidden;
    }
    /* 结束关键帧 动画结束时将overflow属性恢复为默认值 */
    100% {
        height: 300px;
        overflow: visible;
    }
}
```

```
/* 当鼠标悬停在主菜单上时,对应的一级子菜单启用动画效果实现下拉显示 */
.nav li:hover .sub1{
    animation-name: menu1;
    animation-duration: 0.5s;
    animation-fill-mode: forwards;
    animation-iteration-count: 1;
}
```

编写二级菜单对应的 HTML 代码（类名为 sub2 的 div 部分）：

```html
<div class = "sub1-item">
    <h3>学校概况</h3>
    <div class = "sub2">
        <ul>
            <li>子菜单 1</li>
            <li>子菜单 2</li>
            <li>子菜单 3</li>
            <li>子菜单 4</li>
            <li>子菜单 5</li>
        </ul>
    </div>
</div>
```

接着设置二级子菜单的显示样式：

```css
/* 二级子菜单样式 */
.nav .sub1 .sub1-item .sub2{
    position: absolute;
    top:5px;
    right: 0;
    transform: translateX(100%);
    /* width: 0px;
    overflow: hidden; */
    font-size: 12px;
    background-color: #ccc;
}
.nav .sub1 .sub1-item .sub2 ul{
    width:150px;
}
.nav .sub1 .sub1-item .sub2 li{
    width: 100%;
    background-color: #a2a2a2;
}
.nav .sub1 .sub1-item .sub2 li:hover{
    background-color: #c7c7c7;
}
```

定义二级菜单向右展开的动画效果，并应用该效果：

```css
/* 二级子菜单样式 */
```

```
.nav .sub1 .sub1 - item .sub2{
    position: absolute;
    top:5px;
    right: 0;
    transform: translateX(100%);
    width: 0px;
    overflow: hidden;
    font - size: 12px;
    background - color: #ccc;
}
/* 二级子菜单鼠标悬停向右展开动画效果 */
@ keyframes menu2 {
    0% {
        width: 0;
        overflow: hidden;
    }
    90% {
        overflow: hidden;
    }
    100% {
        width: 150px;
        overflow: visible;
    }
}
/* 设置鼠标悬停在子菜单时,对应二级子菜单启动动画效果 */
.nav .sub1 .sub1 - item:hover .sub2{
    animation - name: menu2;
    animation - duration: 0.5s;
    animation - fill - mode: forwards;
    animation - iteration - count: 1;
}
```

接下来要实现移动端的自适应效果。导航栏在移动端显示效果如图8-3所示。

图8-3　导航栏移动端显示效果图

使用媒体查询功能设置移动端下的主菜单样式：

```
@media  only screen and (max-width:1000px) {
    /* 移动端 主菜单样式 */
    .nav{
        position: fixed;
        padding:50px 0;
        box-sizing: border-box;
        top:0;
        left:0;
        height:100%;
        min-width:300px;
        background-color:#b70031;
        overflow: scroll;
    }
    .nav li{
        float: none;
        width:500px;
        padding-right:0;
        line-height:50px;
        cursor: pointer;
    }
    .nav li span{
        position: relative;
        display: block;
        text-align: left;
        text-indent:6em;
        color: #fff;
    }
}
```

接着需要重新设置主菜单文字左侧对应的小图标（注意，相关 CSS 代码也需要写在对应的媒体查询域块内）：

```
@media  only screen and (max-width:1000px) {
    /* 设置移动端下 主菜单左侧小图标路径 */
    .nav li span .icon{
        background-image:url(./images/icon/icon-nav-i6.png);
    }
    .nav li span .icon2{
        background-image:url(./images/icon/icon-nav-i7.png);
    }
    .nav li span .icon3{
        background-image:url(./images/icon/icon-nav-ih.png);
    }
    .nav li span .icon4{
        background-image:url(./images/icon/icon-nav-i8.png);
    }
    .nav li span .icon5{
```

```
        background - image: url(./images/icon/icon - nav - i12.png);
    }
    .nav li span .icon6{
        background - image: url(./images/icon/icon - nav - i10.png);
    }
}
```

接着是一级子菜单鼠标悬停显示样式：

```
@ media   only screen and (max - width: 1000px) {
    /* 设置移动端下一级子菜单文字和左右图标的位置及鼠标悬停显示样式 */
    .nav .sub1 h3{
        text - indent: 8em;
        width: 100% ;
        color:#000;
        background - color: #fff;
    }
    .nav .sub1 .sub1 - item h3::before{
        left:15% ;
    }
    .nav li .sub1 .sub1 - item h3:hover{
        background - color: #dcdbd9;
    }
}
```

定义动画，实现子菜单下拉显示效果：

```
@ media   only screen and (max - width: 1000px) {
    /* 一级子菜单"手风琴式"下拉展开效果 */
    @ keyframes sfq{
        0% {
            height: 0;
            overflow: hidden;
        }
        95% {
            overflow: hidden;
        }
        100% {
            height: 50px;
            overflow: visible;
        }
    }
    .nav li .sub1 .sub1 - item{
        height: 0;
        overflow: hidden;
    }
    .nav li:hover .sub1 .sub1 - item{
        animation - name: sfq;
```

```
        animation - duration: 0.5s;
        animation - fill - mode: forwards;
        animation - iteration - count: 1;
    }
}
```

如果觉得有必要，还可以给右侧的尖括号设置一下淡入淡出效果：

```
/* 一级子菜单右侧尖括号淡入淡出效果 */
 .nav .sub1 .sub1 - item h3::after{
        opacity: 0;
        transition: .5s;
 }
 .nav li:hover .sub1 .sub1 - item h3::after{
        opacity: .5;
 }
```

为避免样式冲突，可以把之前的 PC 端 CSS 样式也是用媒体查询语句包裹起来：

```
@ media only screen and (min - width: 1000px){
    .nav{
        width: 100% ;
    }
    /* 导航菜单设置 */
    .nav li{
        position: relative;
        float:left;
        width:16.6666666666% ;
        padding - right:4px;
        box - sizing: border - box;
        height: 40px;
        line - height: 40px;
        color: #fff;
    }
    /* 最右侧菜单取消右内边距 */
    .nav li:last - child{
        padding - right: 0;
    }
    /* 将 li 内的 span 容器设置背景为蓝色 */
    .nav li span{
        position: relative;
        background - color: #1f49ab;
        display:block;
        text - align: right;
        padding - right:28px;
        cursor: pointer;
    }
    .nav li:hover span{
```

```
        background-color: #b70031;
}


/* 设置导航主菜单图标 */
.icon1{background-image: url("./images/icon/icon-nav-i1.png");}
.icon2{background-image: url("./images/icon/icon-nav-i2.png");}
.icon3{background-image: url("./images/icon/icon-nav-ih.png");}
.icon4{background-image: url("./images/icon/icon-nav-i3.png");}
.icon5{background-image: url("./images/icon/icon-nav-i11.png");}
.icon6{background-image: url("./images/icon/icon-nav-i5.png");}


/* 导航条一级子菜单容器整体样式 */
.nav li .sub1{
    text-align: center;
    background-color: #fff;
    color:#000;
    height: 0;
    overflow: hidden;
}
/* 一级子菜单在鼠标悬停时的样式 */
.nav .sub1 .sub1-item:hover{
    color:#B70031;
    background-color: #f3f2ef;
}


/* 定义一级子菜单对应动画效果 */
@keyframes menu1{
    /* 开始关键帧 - 开始状态 */
    0% {
        height: 0;
        overflow: hidden;
    }
    90% {
        overflow: hidden;
    }
    /* 结束关键帧 - 动画结束时,将 overflow 属性恢复为默认值 */
    100% {
        height: 300px;
        overflow: visible;
    }
}


/* 当鼠标悬停在主菜单上时,对应的一级子菜单启用动画效果实现下拉显示 */
.nav li:hover .sub1{
    animation-name: menu1;
    animation-duration: 0.5s;
    animation-fill-mode: forwards;
```

```
        animation - iteration - count: 1;
}


/* 二级子菜单样式 */
.nav .sub1 .sub1 - item .sub2{
        position: absolute;
        top:5px;
        right: 0;
        transform: translateX(100%);
        width: 0px;
        overflow: hidden;
        font - size: 12px;
        background - color: #ccc;
}
.nav .sub1 .sub1 - item .sub2 ul{
        width:150px;
}
.nav .sub1 .sub1 - item .sub2 li{
        width: 100%;
        background - color: #a2a2a2;
}
.nav .sub1 .sub1 - item .sub2 li:hover{
        background - color: #c7c7c7;
}

/* 二级子菜单鼠标悬停向右展开动画效果 */
@ keyframes menu2 {
        0% {
            width: 0;
            overflow: hidden;
        }
        90% {
            overflow: hidden;
        }
        100% {
            width: 150px;
            overflow: visible;
        }
}
/* 设置鼠标悬停在子菜单时,对应二级子菜单启动动画效果 */
.nav .sub1 .sub1 - item:hover .sub2{
        animation - name: menu2;
        animation - duration: 0.5s;
        animation - fill - mode: forwards;
        animation - iteration - count: 1;
}
}
```

如果是 PC 端和移动端的共有样式，就将对应的 CSS 代码留在媒体查询区块外面：

```
/* 样式格式化 */
*{margin: 0;padding: 0;}
ul{list-style: none;}
body{background-color: #f5f6f8;}
/* 主菜单对应小图标大小及位置 */
.nav li span .icon{
     width: 24px;
     height: 24px;
     position: absolute;
     left: 9% ;
     top: 50% ;
     width: 24px;
     height: 24px;
     line-height: 24px;
     font-size: 0;
     text-align: center;
     -webkit-transform: translateY( -50% );
     -ms-transform: translateY( -50% );
     -o-transform: translateY( -50% );
     transform: translateY( -50% );
}
/* 导航条一级子菜单标题字体样式 */
.nav .sub1 h3{
     font-weight: normal;
     font-size: 14px;
}
/* 一级子菜单设置相对定位为内部图标及二级子菜单提供定位参照 */
.nav .sub1 .sub1-item{
     position: relative;
     cursor: pointer;
}
/* 子菜单左侧图标定位及路径设置 */
.nav .sub1 .sub1-item h3::before{
     display:block;
     content: ";
     position: absolute;
     top:50% ;
     transform: translateY( -50% );
     left:5% ;
     background-image: url("./images/icon/icon-sub-i1.jpg");
     width: 22px;
     height: 22px;
}
.nav .sub1 .sub1-item:nth-child(2) h3::before{
     background-image: url("./images/icon/icon-sub-i3.jpg");
}
.nav .sub1 .sub1-item:nth-child(3) h3::before{
     background-image: url("./images/icon/icon-sub-i5.jpg");
}
```

```
.nav .sub1 .sub1-item:nth-child(4) h3::before{
    background-image: url("./images/icon/icon-sub-i7.jpg");
}
.nav .sub1 .sub1-item:nth-child(5) h3::before{
    background-image: url("./images/icon/icon-sub-i9.jpg");
}
.nav .sub1 .sub1-item:nth-child(6) h3::before{
    background-image: url("./images/icon/icon-sub-i11.jpg");
}
.nav .sub1 .sub1-item:nth-child(7) h3::before{
    background-image: url("./images/icon/icon-sub-i13.jpg");
}
/* 一级子菜单左侧图标在鼠标悬停时的样式设置 */
.nav .sub1 .sub1-item:nth-child(1) .sub-item:hover h3::before{
    background-image: url("./images/icon/icon-sub-i2.jpg");
}
.nav .sub1 .sub1-item:nth-child(2) .sub-item:hover h3::before{
    background-image: url("./images/icon/icon-sub-i4.jpg");
}
.nav .sub1 .sub1-item:nth-child(3) .sub-item:hover h3::before{
    background-image: url("./images/icon/icon-sub-i6.jpg");
}
.nav .sub1 .sub1-item:nth-child(4) .sub-item:hover h3::before{
    background-image: url("./images/icon/icon-sub-i8.jpg");
}
.nav .sub1 .sub1-item:nth-child(5) .sub-item:hover h3::before{
    background-image: url("./images/icon/icon-sub-i10.jpg");
}
.nav .sub1 .sub1-item:nth-child(6) .sub-item:hover h3::before{
    background-image: url("./images/icon/icon-sub-i12.jpg");
}
.nav .sub1 .sub-item:nth-child(7) .sub-item:hover h3::before{
    background-image: url("./images/icon/icon-sub-i14.jpg");
}
/* 子菜单右侧尖括号 */
.nav .sub1 .sub1-item h3::after{
    content: ";
    position: absolute;
    top:50%;
    transform: translateY(-50%);
    right:5%;
    background-image: url("./images/icon/icon-arrow-r.png");
    width: 8px;
    height: 13px;
}
```

导航部分就做完了。

下面我们开始做"新闻热点"模块，页面显示效果如图 8-4 所示。

图8-4 "新闻热点"模块效果图

先按照页面结构编写出 HTML 框架（hotnew 为最外部容器，top 为标题容器，main 为主体部分容器，news-item-big 为左上角的幻灯片部分，另外，还有 6 个 news-item 都为新闻项目）。

```
<div class = "hotnew" >
    <div class = "top" >
        <div class = "tit" >新闻热点</div>
        <div class = "icon" > </div>
    </div>
    <div class = "main" >
        <div class = "news-item-big" >
            <div class = "container" > </div>
        </div>
        <div class = "news-item" >
            <div class = "container" > </div>
        </div>
        <div class = "news-item" >
            <div class = "container" > </div>
        </div>
        <div class = "news-item" >
            <div class = "container" > </div>
        </div>
        <div class = "news-item" >
            <div class = "container" > </div>
        </div>
        <div class = "news-item" >
            <div class = "container" > </div>
```

```
        < /div >
        < div class = "news – item" >
            < div class = "container" > < /div >
        < /div >
    < /div >
    < div class = "btn" >
        < div class = "container" >
            < span >查看更多 < /span >
        < /div >
    < /div >
< /div >
```

重置 CSS 样式并设置最外层容器宽度：

```
* {margin: 0;padding: 0;}
body{
    background – color: #f4f6f9;
}
ul{list – style: none;}
/* 新闻热点部分整体样式 */
.hotnew{
    min – width: 1000px;
    margin: 100px auto;
}
```

设置顶部标题样式（字体、对齐方式以及下方动图）：

```
.hotnew .top .tit{
    font – size:36px;
    font – weight: bold;
    text – align: center;
}
.hotnew .top .icon{
    height: 23px;
    background – repeat: no – repeat;
    background – position: center center;
    background – image: url(./images/tit – bg1.gif);
}
```

设置主体部分的结构样式：

```
/* 新闻热点主体部分结构 */
.hotnew .main{
    display: flex;
    margin: 0 auto;
    width: 86% ;
    min – width: 800px;
    flex – wrap: wrap;
```

```
}
/* 左上角幻灯片部分占50%宽度 */
.hotnew .news-item-big{
    width:50%;
    min-width:400px;
}
/* 幻灯片之外的其余部分都占25%宽度 */
.hotnew .news-item{
    width:25%;
    min-width:200px;
}

/* 为所有新闻方格设置外边距 */
.hotnew .news-item-big .container,
.hotnew .news-item .container{
    position:relative;
    margin:5px;
    height:24vw;
    min-height:190px;
    background-color:#fff;
    box-sizing:border-box;
    overflow:hidden;
}
```

增加新闻分享滑块对应的 HTML 代码：

```
<div class="share">
    <span>分享</span>
    <div class="wechat"></div>
    <div class="weibo"></div>
</div>
```

设置新闻分享滑块的样式及从底部向上滑动的动画效果：

```
/* 新闻分享滑块 */
.share{
    display:flex;
    justify-content:space-around;
    align-items:center;
    background-color:#db9939;
    width:100%;
    height:30%;
    position:absolute;
    bottom:0;
    transform:translateY(100%);
    color:#fff;
    transition:.5s;
    border-top-left-radius:10px;
```

```
    border - top - right - radius: 10px ;
}
.share .wechat,
.share .weibo{
    width: 24px;
    height: 24px;
    background - size: 100% 100% ;
    background - image: url( ./images/hotnews/wechat.png);
    background - color: #fff;
    cursor: pointer;
}
.share .weibo{
    background - image: url( ./images/hotnews/weibo.png);
}
.news - item:hover .share{
    transform: translateY(0);
}
```

添加中间蓝色的色块——日期显示部分的 HTML 代码：

```
    < div class = "date" >
        < div class = "day" >11 < /div >
        < div class = "month" >02 月 < /div >
    < /div >
```

设置日期部分的 CSS 样式：

```
.news - item .date{
    width: 30% ;
    height: 55px;
    background - color: #1b478e;
    color:#fff;
    text - align: center;
    position: absolute;
    top:50% ;
    left:20px;
    z - index: 999;
    transform: translateY( -50% );
}
.news - item .date .day{
    font - family: Georgia;
    line - height: 24px;
}
.news - item .date .month{
    line - height: 16px;
}
```

添加新闻消息图片和消息标题部分对应的 HTML 代码：

```
        <div class = "pic">
            <img src = "./images/hotnews/01.jpg">
        </div>
        <div class = "news_tit">
            <div class = "tit">
                报考代码:8609 |江西机电职业技术学院2024年单独招生方案
</div>
        </div>
```

设置新闻消息图片和消息标题样式:

```
/* 新闻消息图片 */
.news-item .pic{
    width: 100%;
    height: 50%;
    position: absolute;
    top:0;
    left:0;

}
.news-item .pic img{
    width: 100%;
}
/* 消息标题 */
.news-item .news_tit{
    width: 100%;
    height: 50%;
    line-height: 24px;
    position: absolute;
    top:50%;
    left:0;
    background-color: #fff;
}
.news-item .news_tit .tit{
    padding:50px 10px 10px;
}
```

底部按钮样式设置:

```
/* 底部按钮样式 */
.btn{
    position: relative;
    width: 300px;
    height: 56px;
    margin:20px auto;
    overflow: hidden;
}
.btn .container{
```

```
    position: absolute;
    top: 8px;
    width: 100% ;
    box - sizing: border - box;
    background - color: #d6dbe4;
    padding:8px;
    text - align: center;
    transition: .5s;
    cursor: pointer;
}
/* 按钮鼠标悬停时的动态效果 */
.btn .container:hover{
    top: 0;
}
.btn .container span{
    display: block;
    background - color: #041f62;
    height: 40px;
    line - height: 40px;
    width: 100% ;
    color: #fff;
}
```

使用媒体查询实现根据屏幕宽度大小调整页面字号：

```
/* 使用媒体查询按照屏幕大小调整字号 */
@ media only screen and (max - width: 1000px){
    .news - item .date .day{
        font - size: 20px;
    }
    .news - item .date .month{
        font - size:12px;
    }
}
@ media only screen and (min - width: 1000px){
    .news - item .date .day{
        font - size: 24px;
    }
    .news - item .date .month{
        font - size:14px;
    }
}
```

最后使用 swiper 插件快速实现左上角幻灯片效果。

在 swiper 插件目录中找到 demo 文件夹中的 070 - pagination - custom. html 文件，在 demo 中找到对应的 JS 部分代码，并将其添加到页面中：

```
<! -- Swiper JS -->
```

```
< script src = "./swiper - bundle.min.js" > < /script >
<! -- Initialize Swiper -->
< script >
var swiper = new Swiper(".mySwiper", {
    pagination: {
      el: ".swiper - pagination",
      clickable: true,
      renderBullet: function (index, className) {
        return '< span class = "' + className + '" >' + (index + 1) + "< /span >";
      },
    },
});
< /script >
```

载入 swiper 插件的 CSS 库：

```
< link rel = "stylesheet" href = "./swiper - bundle.min.css" />
```

幻灯片部分对应的 HTML 代码：

```
<! -- Swiper -->
< div class = "swiper mySwiper" >
    < div class = "swiper - wrapper" >
    < div class = "swiper - slide" >
        < img src = "./images/hotnews/m1.jpg" >
    < /div >
    < div class = "swiper - slide" >
        < img src = "./images/hotnews/m2.jpg" >
    < /div >
    < div class = "swiper - slide" >
        < img src = "./images/hotnews/m3.jpg" >
    < /div >
    < /div >
    < div class = "swiper - pagination" > < /div >
< /div >
```

将 070 - pagination - custom.html 文件中的 CSS 部分代码添加到页面中：

```
.swiper - slide {
    text - align: center;
    font - size: 18px;
    background: #fff;
    display: flex;
    justify - content: center;
    align - items: center;
}
.swiper - slide img {
    display: block;
```

```
    width: 100% ;
    height: 100% ;
    object - fit: cover;
}
.swiper - pagination - bullet {
    width: 20px;
    height: 20px;
    text - align: center;
    line - height: 20px;
    font - size: 12px;
    color: #000;
    opacity: 1;
    background: rgba(0, 0, 0, 0.2);
}
.swiper - pagination - bullet - active {
    color: #fff;
    background: #007aff;
}
```

做完上面的步骤，"热点新闻"部分也制作完成了。

接下来就剩下"媒体关注"模块了，如图 8-5 所示。

图 8-5　"媒体关注"模块图

首先按照页面结构编写对应的 HTML 代码：

```
< div class = "meiti" >
    < div class = "top" >
        < div class = "tit" >媒体关注 < /div >
        < div class = "icon" > < /div >
```

```
        < /div >
    < div class = "main" >
        < div class = "container" >
            < div class = "item" >
                < div class = "pic" >
                    < img src = "./images/chanjiaoronghe.png" >
                < /div >
                < div class = "item - tit" >【中国教育报】"三链三融"打造产教融合人才培养
高地 < /div >
                < div class = "logo - date" >
                    < div class = "logo" >
                        < img src = "./images/zgjyb.png" >
                    < /div >
                    < div class = "date" > 日期:2024.01.05 < /div >
                < /div >
                < div class = "line" > < /div >
            < /div >
            < div class = "item" >。。。省略。。。 < /div >
            < div class = "item" >。。。省略。。。 < /div >
            < div class = "item" >。。。省略。。。 < /div >
        < /div >
    < /div >
    <! -- 平移按钮 -->
    < div class = "msg - btn" >
        < div class = "button btn - next" >&lt; < /div >
        < div class = "button btn - pre" >&gt; < /div >
    < /div >
    <! -- 底部按钮 -->
    < div class = "btn" >
        < div class = "container" >
            < span > 查看更多 < /span >
        < /div >
    < /div >
< /div >
< /div >
```

进行页面样式重置,并设置背景颜色:

```
* {margin: 0;padding: 0;}
body{
    background - color: #f4f6f9;
}
ul{list - style: none;}
```

设置该模块标题部分样式:

```
.meiti{
    min - width: 1000px;
    margin: 0 auto;
```

```
    background-image: url(./images/bg-2.jpg);
    background-position: center center;
    background-repeat: no-repeat;
}
/* 顶部标题样式 */
.meiti .top .tit{
    font-size:36px;
    font-weight: bold;
    text-align: center;
}
/* 标题下方动图 */
.meiti .top .icon{
    height: 23px;
    background-repeat: no-repeat;
    background-position: center center;
    background-image: url(./images/tit-bg1.gif);
}
```

利用弹性盒控制中间消息部分的整体布局：

```
/* 主体部分结构划分 */
.meiti .main{
    width: 86%;
    margin: 50px auto;
    border-bottom: 1px solid #d6e4ef;
    overflow: hidden;
}
/* 使用弹性盒布局 */
.meiti .main .container{
    width: 133.3333333%;
    display:flex;
    justify-content: space-around;
}
.meiti .main .container .item{
    position: relative;
    min-height: 400px;
    width: 24%;
    box-sizing: border-box;
    transition: .5s;
    overflow: hidden;
}
```

设置每个 item 子项在鼠标悬停时的样式：

```
/* 设置子项鼠标悬停时的样式 */
.meiti .main .container .item:hover{
    box-shadow: 0px 10px 10px #bfbfbf;
    background-color: #fff;
}
```

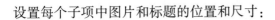

设置每个子项中图片和标题的位置和尺寸：

```
.meiti .main .item .pic{
    width: 100% ;
    height: 55% ;
    overflow: hidden;
}
.meiti .main .item .pic img{
    width: 100% ;
}
/* ----项目标题样式 */
.meiti .main .item .item-tit{
    box-sizing: border-box;
    padding:20px 20px 10px;
    font-size:16px;
    width: 100% ;
    height: 20% ;
}
```

设置每个子项下方的 logo 和日期部分的样式：

```
/* 底部 logo& 日期样式,使用弹性盒控制它们左右排列 */
.meiti .main .item .logo-date{
    width: 100% ;
    height: 25% ;
    position: absolute;
    bottom: 0;
    display: flex;
    justify-content:space-evenly;
    align-items: center;
}

/* logo 部分样式 */
.meiti .main .item .logo{
    width: 35% ;
    height: 50% ;
}
.meiti .main .item .logo img{
    width: 100% ;
    height: 100% ;
}
/* 日期部分样式 */
.meiti .main .item .date::before{
    content: ";
    display:block;
    width: 16px;
    height: 16px;
    background-image: url(./images/icon-date.png);
}
```

```
.meiti .main .item .date{
    width: 45% ;
    font - size:12px;
    display:flex;
    justify - content: space - evenly;
    color:#0b4785;
}
```

鼠标悬停时底部向上弹出的线条样式：

```
.meiti .main .item .line{
    background - color: #01164b;
    width: 100% ;
    height: 5px;
    position: absolute;
    bottom: 0;
    transform: translateY(6px);
    transition: .5s;
}
.meiti .main .item:hover .line{
    transform: translateY(0);
}
```

右下角控制消息横向滚动的圆形按钮样式：

```
.msg - btn{
    display: flex;
    justify - content: flex - end;
}
.button{
    width: 58px;
    height: 58px;
    line - height: 58px;
    text - align: center;

    border - radius: 50% ;
    border: 1px solid #0b4785;
    margin - right:10px;
    cursor: pointer;
    font - weight: bold;
    color: #01164B;
    transition: .5s;
}
.button:hover{
    color: #fff;
    background - color: #01164B;
}
```

底部按钮样式：

```
/* 底部方形按钮样式 */
.btn{
    position: relative;
    width: 300px;
    height: 56px;
    margin:20px auto;
    overflow: hidden;
}
.btn .container{
    position: absolute;
    top: 8px;
    width: 100% ;
    box - sizing: border - box;
    background - color: #d6dbe4;
    padding:8px;
    text - align: center;
    transition: .5s;
    cursor: pointer;
}
.btn .container:hover{
    top: 0;
}
.btn .container span{
    display: block;
    background - color: #041f62;
    height: 40px;
    line - height: 40px;
    width: 100% ;
    color: #fff;
}
```

到此，我们已经完成了"导航""热点新闻""媒体关注"三个完整的页面模块，如果再加上项目六里面的 footer 底部，就可以凑成一个较为完整的页面了。大家要想提高自己编写 HTML + CSS 代码的水平，就要多做类似的"仿站练习"，写得多，练得多，自然就会熟能生巧。

步骤四　购买空间、域名，将制作好的网站发布到互联网上

当页面制作完成之后，我们就可以尝试将这些页面上传到服务器上，然后让身边的朋友通过互联网来访问我们制作的网页了。在此之前，我们需要一台服务器，现在有很多空间服务商都有类似的产品，我们可以挑选一个合适的。有部分空间服务商还会给新用户 1~7 天的试用期。图 8 - 6 所示是"某宝"上相关产品的搜索结果。

购买好了虚拟空间，我们会获得一个 FTP 服务器用户名和密码，另外，空间还会配套有一个二级域名或者是可以访问到该虚拟空间服务器的 IP 地址，接下来我们需要安装一款软件"flashfxp"，如图 8 - 7 所示。

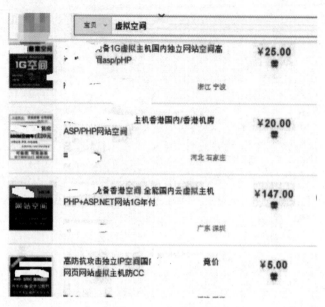

图 8 - 6　购买虚拟空间

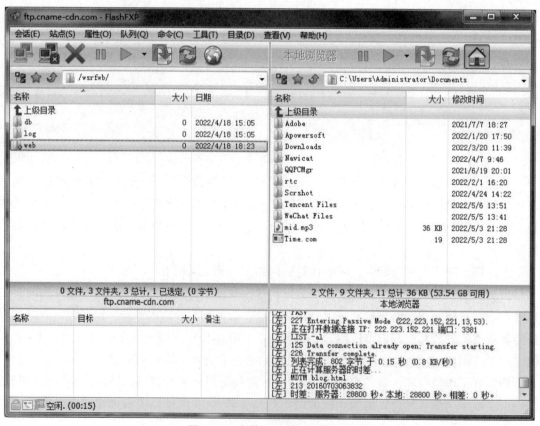

图 8 - 7　安装"flashfxp"软件

单击"会话"→"快速连接"或者直接按快捷键 F8，就会弹出一个对话框，在此输入我们的虚拟空间的 ftp 用户名和密码，单击"连接"按钮即可连接到服务器，如图 8 – 8 所示。

图 8 – 8　连接服务器

成功连接服务器以后，可以在左侧窗口看到服务器下面的文件，如图 8 – 9 所示，右侧则是本地计算机的文件。

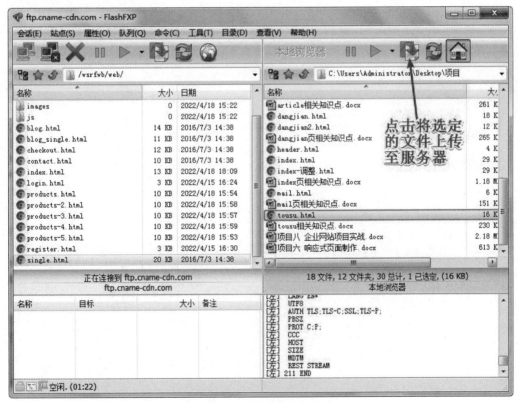

图 8 – 9　文件上传

如果仅仅只是静态页面，一般是将我们制作好的页面上传到虚拟空间的 Web 文件夹中即可。网页文件上传成功后，即可通过虚拟空间对应的 IP 地址或二级域名进行访问。当然，如果我们有自己的域名，也可以将域名与空间进行绑定，然后通过我们自己的域名来打开网页。